2257
+3

LA FIGURE
DE
LA TERRE,

DÉTERMINÉE

PAR LES OBSERVATIONS

De Meſſieurs DE MAUPERTUIS, CLAIRAÙT, CAMUS,
LE MONNIER, de l'Académie Royale des Sciences,
& de M. l'Abbé OUTHIER, Correſpondant
de la même Académie,

Accompagnés de M. CELSIUS, Profeſſeur d'Aſtronomie
à Upſal,

FAITES PAR ORDRE DU ROY

AU CERCLE POLAIRE.

Par M. DE MAUPERTUIS.

A PARIS,

V

DE L'IMPRIMERIE ROYALE.

M. DCCXXXVIII.

*PRÉFACE.

L'INTEREST que tout le monde prend à la fameuse question de la Figure de la Terre, ne nous a point permis de différer de publier cet Ouvrage, jusqu'à ce qu'il parût dans le recueil des Mémoires qui font lûs dans nos Assemblées. Comme nous voulons exposer toute notre opération au plus grand jour, afin que chacun puisse juger de son exactitude, nous donnons nos observations elles-mêmes, telles qu'elles se sont trouvées sur les registres de M.rs Clairaut, Camus, le Monnier, Celsius, l'Abbé Outhier, & sur le mien, qui se font tous trouvés conformes les uns aux autres, sans y faire aucune des corrections qu'ont faites ceux qui nous ont donné de pareils ouvrages : ils ne nous ont donné que les triangles corrigés, & la somme

* Cette Préface a été lûë dans l'Assemblée publique de l'Académie Royale des Sciences, le 16 Avril 1738.

a ij

de leurs angles réduite à 180 degrés jufte ; & que les milieux des obfervations pour la détermination de l'Amplitude de l'arc qu'ils ont mefuré, fans donner les obfervations elles-mêmes.

Nous avons cru devoir au Lecteur, la fatisfaction de voir les obfervations telles qu'elles ont été faites ; la maniére dont elles s'approchent ou s'écartent les unes des autres, le mettra à portée de juger du degré de précifion qui s'y trouve, ou qui y manque. Enfin il pourra faire lui-même les corrections comme il jugera, & comparer les différents réfultats que produiroient des corrections autrement faites que les nôtres.

Il fera peut-être bon maintenant de dire quelque chofe de l'utilité de cette entreprife, à laquelle eft jointe celle du Pérou, qui précéda la nôtre, & qui n'eft pas encore terminée.

Perfonne n'ignore la difpute qui a duré 50 ans entre les Sçavants, fur la Figure de la Terre. On fçait que les uns croyoient que cette figure étoit celle

d'un Sphéroïde applati vers les Poles,
& que les autres croyoient qu'elle étoit
celle d'un Sphéroïde allongé. Cette
queſtion, à ne la regarder même que
comme une queſtion de ſimple curioſité,
ſeroit du moins une des plus curieuſes
dont ſe puiſſent occuper les Philoſophes
& les Géometres. Mais la découverte
de la véritable figure de la Terre a des
avantages réels, & très-conſidérables.

Quand la poſition des lieux ſeroit
bien déterminée ſur les Globes & ſur les
Cartes, par rapport à leur Latitude &
leur Longitude, on ne ſçauroit connoître
leurs diſtances, ſi l'on n'a la vraye longueur des degrés, tant du Méridien,
que des Cercles paralleles à l'Équateur.
Et ſi l'on n'a pas les diſtances des lieux
bien connuës, à quels périls ne ſont pas
expoſés ceux qui les vont chercher à
travers les Mers!

Lorſqu'on croyoit la Terre parfaitement ſphérique, il ſuffiſoit d'avoir un
ſeul degré du Méridien bien meſuré;
la longueur de tous les autres étoit la

même, & donnoit celle des degrés de chaque parallele à l'E'quateur. Dans tous les temps, de grands Princes, & de célébres Philosophes avoient entrepris de déterminer la grandeur du degré; mais les mesures des Anciens s'accordoient si peu, que quelques-unes différoient des autres de plus de la moitié; & si l'on adjoûte au peu de rapport qu'elles ont entr'elles, le peu de certitude où nous sommes sur la longueur exacte de leurs Stades & de leurs Milles, on verra combien on étoit éloigné de pouvoir compter sur les mesures de la Terre qu'ils nous ont laissées. Dans ces derniers temps on avoit entrepris des mesures de la Terre, qui, quoiqu'elles fussent exemptes de ce dernier inconvénient, ne nous pouvoient guéres cependant être plus utiles. Fernel, Snellius, Riccioli nous ont donné des longueurs du degré du Méridien, entre lesquelles, réduites à nos mesures, il se trouve encore des différences de près de 8000 toises, ou d'environ la septiéme partie du degré. Et si celle de Fernel s'est trouvée plus juste que les autres, la preuve de cette justesse manquant alors, & les moyens dont il s'étoit servi, ne la pouvant faire présumer, cette mesure n'en étoit pas plus utile, parce qu'on n'avoit point de raison de la préférer aux autres.

Nous ne devons pas cependant passer sous silence, une mesure qui fut achevée en Angleterre en 1635, parce que cette mesure paroît avoir été prise avec soin, & avec un fort grand instrument. Norvood observa en deux années différentes, la hauteur du Soleil au Solstice d'été à Londres & à York, avec un Sextant de plus de 5 pieds de rayon, & trouva la différence de Latitude entre ces deux villes, de 2° 28'. Il mesura ensuite la distance entre ces deux villes, observant les angles de détour, les hauteurs des collines & les descentes; & réduisant le tout à l'arc du Méridien, il trouva 9149 chaînes pour la longueur de cet arc, qui, comparée à la différence en latitude, lui donnoit le degré de 3709 chaînes 5 pieds, ou de 367196 pieds Anglois, qui font 57300 de nos toifes.

Louis XIV. ayant ordonné à l'Académie, de déterminer la grandeur de la Terre, on eut bien-tôt un ouvrage qui furpaffa tout ce qui avoit été fait jufques-là. M. Picard, d'après une longue bafe exactement mefurée, détermina par un petit nombre de Triangles, la longueur de l'arc du Méridien compris entre Malvoifine & Amiens, & la trouva de 78850 toifes. Il obferva avec un Secteur de 10 pieds de rayon, armé d'une Lunette de la même longueur, la différence de Latitude entre Malvoifine & Amiens. Et ayant trouvé cette différence de 1° 22' 55", il en conclut le degré de 57060 toifes.

On pouvoit voir par la méthode qu'avoit fuivie M. Picard, & par toutes les précautions qu'il avoit prifes, que fa mefure devoit être fort exacte : & le Roy voulut qu'on mefurât de la forte tout le Méridien qui traverfe la France.

M. Caffini acheva cet ouvrage en 1718;
il avoit partagé le Méridien de la France
en deux arcs, qu'il avoit mefurés féparé-
ment; l'un de Paris à Collioure, lui avoit
donné le degré de 57097 toifes; l'autre
de Paris à Dunkerque, de 56960 toifes:
& la mefure de l'arc entier entre Dunkerque & Collioure, lui donnoit le
degré de 57060 toifes, égal à celui de
M. Picard.

Enfin, M. Muffchenbroek, jaloux
de la gloire de fa nation, à laquelle il
contribuë tant, ayant voulu corriger
les erreurs de Snellius, tant par fes propres obfervations, que par celles de
Snellius même, a trouvé le degré entre
Alcmaer & Bergopfom, de 29514^{perches}
2^{pieds} 3^{pouces}, mefure du Rhin, qu'il
évaluë à 57033^{toifes} 0^{pieds} 8^{pouces} de
Paris.

Les différences qui fe trouvent entre
ces derniéres mefures, font fi peu confidérables, après celles qui fe trouvoient
entre les mefures dont nous avons parlé,
qu'on peut dire qu'on avoit fort exacte-

ment la mefure du degré dans ces climats,
& qu'on auroit connu fort exactement
la circonférence de la Terre, fi tous fes
degrés étoient égaux, fi elle étoit parfaitement fphérique.

Mais pourquoi la Terre feroit-elle
parfaitement fphérique! Dans un fiécle
où l'on veut trouver dans les Sciences
toute la précifion dont elles font capables, on n'avoit garde de fe contenter
des preuves que les Anciens donnoient
de la fphéricité de la Terre. On ne fe
contenta pas même des raifonnements
des plus grands Géometres modernes,
qui, fuivant les loix de la Statique, donnoient à la Terre la figure d'un Sphéroïde applati vers les Poles; parce qu'il
fembloit que ces raifonnements tinffent
toûjours à quelques hypothefes, quoique ce fût de celles qu'on ne peut
guéres fe difpenfer d'admettre. Enfin,
on ne crut pas les obfervations qu'on
avoit faites en France, fuffifantes pour
affûrer à la Terre la figure du Sphéroïde
allongé qu'elles lui donnoient.

Le Roy ordonna qu'on mefurât le degré du Méridien vers l'*Equateur*, & vers le *Cercle Polaire*; afin que non-feulement la comparaifon de l'un de ces degrés avec le degré de la France, fît connoître fi la Terre étoit allongée ou applatie, mais encore que la comparaifon de ces deux degrés extrêmes l'un avec l'autre, déterminât fa figure le plus exactement qu'il étoit poffible.

On voit en général, que la figure d'un Sphéroïde applati, tel que M. Newton l'a établi, & celle d'un Sphéroïde allongé, tel que celui dont M. Caffini a déterminé les dimenfions dans le Livre *de la Grandeur & Figure de la Terre*, donnent des diftances différentes pour les lieux placés fur l'un & fur l'autre aux mêmes Latitudes & Longitudes; & qu'il eft important pour les Navigateurs de ne pas croire naviguer fur l'un de ces Sphéroïdes lorfqu'ils font fur l'autre. Quant aux lieux qui feroient fous un même Méridien, la différence entre ces diftances ne feroit pas fort confidérable.

Mais pour des lieux fitués fous le même parallele, il y auroit de grandes diffé- rences entre leurs diftances fur l'un ou fur l'autre Sphéroïde. Sur des routes de 100 degrés en Longitude, on com- mettroit des erreurs de plus de 2 degrés, fi naviguant fur le Sphéroïde de M. Newton, on fe croyoit fur celui du Livre de la Grandeur & Figure de la Terre : Et combien de Vaiffeaux ont péri pour des erreurs moins confidérables !

Il y a une autre confidération à faire : c'eft qu'avant la détermination de la Figure de la Terre, on ne pouvoit pas fçavoir fi cette erreur ne feroit pas beau- coup plus grande. Et en effet, fuivant nos mefures, on fe tromperoit encore plus, fi l'on fe croyoit fur un Sphéroïde allongé, lorfqu'on navigue fuivant les Paralleles à l'E'quateur.

Je ne parle point des erreurs qui naîtroient dans les routes obliques, le calcul en feroit inutile ici ; on voit feulement affés que ces erreurs feroient d'autant plus grandes, que ces routes approcheroient plus de la direction parallele à l'Equateur.

Les erreurs dont nous venons de parler, méritent certainement qu'on y faſſe une grande attention : mais ſi le Navigateur ne ſent pas aujourd'hui toute l'utilité dont il lui eſt que la Figure de la Terre ſoit bien déterminée ; ce n'eſt pas la ſûreté qu'il a d'ailleurs, qui l'em-pêche d'en connoître toute l'importance ; c'eſt plûtôt ce qui lui manque. Il eſt ex-poſé à pluſieurs autres erreurs dans ce qui regarde la direction de ſa route, & la vîteſſe de ſon Vaiſſeau, parmi leſquelles l'erreur qui naît de l'ignorance de la figure de la Terre, ſe trouve confonduë & cachée. Cependant c'eſt toûjours une ſource d'erreur de plus ; & s'il arrive quelque jour (comme on ne peut guéres douter qu'il n'arrive) que les autres élé-ments de la Navigation ſoient perfection-nés, ce qui ſera de plus important pour lui, ſera la détermination exacte de la figure de la Terre.

La connoiſſance de la Figure de la

Terre eſt encore d'une grande utilité
pour déterminer la Parallaxe de la Lune;
choſe ſi importante dans l'Aſtronomie.
Cette connoiſſance ſervira à perfection-
ner la théorie d'un Aſtre qui paroît
deſtiné à nos uſages, & ſur lequel les plus
habiles Aſtronomes ont toûjours beaucoup compté pour les Longitudes.

Enfin, pour deſcendre à d'autres
objets moins élevés, mais qui n'en ſont
pas moins utiles : on peut dire que la
perfection du Nivellement dépend de
la connoiſſance de la figure de la Terre.
Il y a un tel enchaînement dans les
Sciences, que les mêmes éléments qui
ſervent à conduire un Vaiſſeau ſur la
Mer, ſervent à faire connoître le cours
de la Lune dans ſon orbite, ſervent à
faire couler les eaux dans les lieux où
l'on en a beſoin pour établir la communication.

C'eſt ſans doute pour ces conſidé-
rations, que le Roy ordonna les deux
Voyages à l'Équateur & au Cercle
Polaire. Si l'on a fait quelquefois de

grandes entreprifes pour découvrir des Terres, ou chercher des paffages qui abrégeroient certains voyages, on avoit toûjours eu les vûës prochaines d'une utilité particuliére. Mais la détermination de la Figure de la Terre eft d'une utilité générale pour tous les peuples, & pour tous les temps.

La magnificence de tout ce qui regarde cette entreprife, répondoit à la grandeur de l'objet. Outre les quatre Mathématiciens de l'Académie, M. le Comte de Maurepas nomma encore M. l'Abbé Outhier, dont la capacité dans l'ouvrage que nous allions faire, étoit connuë; M. de Sommereux pour Secretaire, & M. d'Herbelot pour Deffinateur. Si le grand nombre étoit néceffaire pour bien exécuter un ouvrage affés difficile, dans des pays tels que ceux où nous l'avons fait, ce grand nombre rendoit encore l'ouvrage plus authentique. Et pour que rien ne manquât à ces deux égards, le Roy agréa que M. Celfius Profeffeur d'Aftronomie à Upfal, fe joignît à nous.

Ainſi nous partîmes de France avec tout ce qui étoit néceſſaire pour réuſſir dans notre entrepriſe, & la Cour de Suede donna des ordres qui nous firent trouver tous les ſecours poſſibles dans ſes Provinces les plus reculées. M. le Comte de Caſteja alors Ambaſſadeur en Suede, nous procura les recommandations de cette Cour, avec ſon zele ordinaire pour le ſervice du Roy ; & avec des ſoins & des bontés pour nous, dont les Sciences lui doivent être obligées, ſi nous avons fait quelque choſe pour elles.

Nous avons cru qu'on ne ſeroit pas fâché de voir une courte hiſtoire de nos travaux, qui fut lûë dans la derniére Aſſemblée publique de l'Académie ; & dont nous avons retranché ſeulement quelques réſléxions que nous n'avons pas cru qui ſoient néceſſaires lorſqu'on verra le détail de nos opérations.

Nous avons diviſé le reſte de l'ouvrage en trois Livres, parce qu'il contient des matiéres fort différentes.

On trouvera dans le premier Livre tout

tout ce que nous avons fait pour mefurer l'Arc du Méridien qui coupe le
Cercle Polaire, & pour nous affûrer qu'il
étoit bien mefuré. Ce Livre eft divifé
en deux parties ; la premiére contient
les premiéres opérations que nous fîmes
pour cette mefure ; & la feconde, la
répétition de ces opérations, & les vérifications de tout l'ouvrage.

Nous aurions peut-être à excufer une
exactitude qui paroîtra trop fcrupuleufe
à quelques-uns, tant dans nos calculs,
que dans le détail des circonftances de
nos obfervations : mais nous avons cru
ne pouvoir pouffer trop loin cette exactitude dans une matiere qui a été dif-
putée, & qui eft d'une fi grande importance. M. Clairaut, dont la fcience eft
connuë dans des calculs beaucoup plus
difficiles que ceux qu'on trouvera dans
ce Livre, nous a été d'un grand fecours
pour ceux-ci.

Ce premier Livre finit par un Probleme que j'avois déja donné dans les
Mémoires de l'Académie de 1735, mais

que j'ai remis ici, parce que c'eſt ſa
véritable place. Il ſert à déterminer la
Grandeur & la Figure de la Terre, par
les meſures de deux degrés du Méridien :
& l'on peut aiſément, par le moyen de
ce Probleme, conſtruire une Table des
différentes longueurs du degré pour
chaque Latitude.

Le ſecond Livre contient pluſieurs
obſervations, par leſquelles nous avons
déterminé la hauteur du Pole à Torneå
& ſur Kittis ; la quantité de la Réfraction
au Cercle Polaire ; & qui déterminent
la Longitude de Torneå. Par ces obſervations, nous avons découvert une erreur
conſidérable, & importante pour l'Aſtronomie & la Géographie.

En 1695, Charles XI. Roy de Suede
avoit envoyé M.ʳˢ Spole & Bilberg à
Torneå, pour y faire quelques obſervations Aſtronomiques : ces deux Mathématiciens, munis d'inſtruments petits,
& peu exaĉts, obſervérent au Solſtice
d'été, différentes hauteurs du Soleil, par
leſquelles ils conclurent la hauteur du

Pole à Torneå, de 65° 43', & ne l'auroient dû conclurre que de 65° 40' par leurs propres observations, s'ils avoient employé les éléments convenables. Ayant ainsi déterminé la hauteur du Pole, les observations qu'ils firent de la hauteur Méridienne du Soleil au Nord, leur donnérent les Réfractions à Torneå, presque doubles de ce qu'elles sont en France.

Il y avoit dans tout cela beaucoup d'erreur. La ville de Torneå est de 11' plus septentrionale que leurs observations ne la faisoient. Et les réfractions n'y sont point différentes de ce qu'elles sont à Paris.

Nous avons fait un grand nombre d'observations, par lesquelles la hauteur du Pole à Torneå est de 65° 50' 50"; & nous pouvons croire qu'il y a peu de villes dans l'Europe la plus habitée, dont on ait la Latitude plus exactement que nous avons celle de cette ville. Nous y avons observé plusieurs fois dans les mêmes temps, & même dans le même

jour, les deux hauteurs de l'Etoile Polaire, qui eſt là ſi élevée, que les réfractions, quand on les ignoreroit, ou
qu'on les négligeroit, n'empêchent pas
qu'on ne puiſſe ſe ſervir de la hauteur
du Pole qu'on auroit déterminée ſans
en tenir compte, pour examiner enſuite
les réfractions horiſontales.

D'un autre côté le Soleil, dont on
peut prendre dans ces climats, des hauteurs Méridiennes dans l'Horiſon, donne
lieu à pluſieurs obſervations curieuſes
ſur les réfractions horiſontales.

Enfin, nous avons eu Venus, qui
pendant environ deux mois a paru continuellement ſur notre Horiſon, & dont
on a obſervé pluſieurs hauteurs Méridiennes, tant au Midi qu'au Nord.

Toutes ces obſervations, qui ont été
faites avec grand ſoin, nous ont appris
que la réfraction ne différe point à
Torneå de ce qu'elle eſt en France; les
différences que nous y avons trouvées,
nous ont toûjours paru n'être que celles
qui peuvent venir de l'obſervation même,

ou qui peuvent être caufées par les accidents qui arrivent aux réfractions horifontales; & nous n'avons pas cru devoir en conclurre que les réfractions fuffent en effet différentes.

Si donc on trouve les réfractions plus petites vers l'Équateur qu'à Paris, d'une quantité confidérable, & qu'elles aillent réellement en augmentant de l'Équateur au Pole; il faut croire que cet accroiffement n'eft pas fenfible dans la diftance de Paris au Cercle Polaire. Et ce que rapportent les Hollandois, qui ayant paffé l'hiver dans la *nouvelle Zemble*, virent le Soleil reparoître fur l'Horifon beaucoup plûtôt qu'il ne le devoit, felon la hauteur du Pole au lieu où ils étoient, ne peut ébranler ce que nous avons trouvé par un grand nombre d'obfervations exactes.

Quant à la Longitude, la fituation de Jupiter dans les fignes Méridionaux, le tint toûjours plongé dans les vapeurs de l'Horifon, dans les temps auxquels nous aurions pû l'obferver; mais nous

avons fait plufieurs autres obfervations,
l'une d'une E'clipfe horifontale de Lune,
les autres d'Occultations des E'toiles par
cet Aftre, qui nous font croire que l'on
peut avec affés de fûreté prendre 1ʰ 23′
pour la différence des Méridiens de Paris
& de Torneå. La plûpart de ces obfervations font dûës à la vigilance de M. le
Monnier & de M. Celfius, qui dans un
pays où le Ciel fe refufe·beaucoup aux
obfervations, étoient continuellement
attentifs à n'en laiffer échapper aucune
de celles qui étoient poffibles.

Enfin, le troifiéme Livre contiendra
les expériences que nous avons faites
fur la Pefanteur dans la *Zone glacée ;*
matiére, qui, outre l'importance dont
elle eft pour la Phyfique générale, a
encore une fi grande connexion avec la
figure de la Terre, que M.ʳˢ Newton &
Huygens ont cru que la connoiffance
des différentes Pefanteurs en différents
lieux, fuffifoit feule pour déterminer
cette figure , & la détermineroit plus
exactement que ne pourroient faire les

mesures actuelles des degrés. Dès que cette augmentation de la Pesanteur vers les Poles fut découverte, ces grands Géometres pensérent que pour conserver l'E'quilibre entre les parties qui composent la Terre, pour empêcher que les Mers n'inondassent les parties voisines de l'E'quateur, il falloit que la Terre fût plus élevée à l'E'quateur qu'aux Poles, où elle devoit être applatie. Selon l'augmentation de la Pesanteur, que nous avons trouvée au Cercle Polaire, l'applatissement de la Terre vers les Poles, doit être encore plus considérable que M. Newton ne l'avoit déterminé. Et les expériences sur la Pesanteur, que les Académiciens envoyés par le Roy, ont faites à l'E'quateur, & que nous venons de recevoir, s'accordent en cela avec les nôtres.

Ce troisiéme Livre finit par un Probleme qui sert à trouver les directions de la Gravité primitive, ou les angles qu'elle forme avec la Pesanteur actuelle. J'ai cru devoir donner ici ce Probleme, parce qu'il contient le réfultat de toutes nos obfervations, tant fur la mefure actuelle de la Terre, que fur l'augmentation de la Pefanteur : & qu'on en tire la folution de plufieurs Queftions utiles & curieufes fur ces deux matiéres, qui font néceffairement compliquées l'une avec l'autre.

Nous avons joint à cet ouvrage une Carte, dans laquelle on trouvera toutes nos Montagnes & le pays d'alentour : mais il n'y a que la pofition des Montagnes où fe font faites nos obfervations, qui foit déterminée géométriquement.

TABLE

TABLE
DE CE QUI EST CONTENU DANS CE VOLUME.

c

TABLE.

TABLE.

LIVRE SECOND.

TABLE.

LIVRE TROISIEME.

Faute à corriger.

Page 130, ligne 13, rayon, *lisés* diametre.

DISCOURS

DISCOURS

QUI A ETE LU

DANS L'ASSEMBLÉE

PUBLIQUE

De l'Académie Royale des Sciences,

Le 13 Novembre 1737.

SUR LA MESURE DU DEGRE

DU MERIDIEN

AU CERCLE POLAIRE.

J'EXPOSAI, il y a dix-huit mois, à la même Assemblée, le motif & le projet du Voyage au Cercle Polaire ; je vais lui faire part aujourd'hui de l'exécution. Mais il ne sera peut-être pas inutile de rappeller un peu

A

les idées fur ce qui a fait entreprendre ce
Voyage.

M. Richer ayant découvert à Cayenne
en 1672, que la Pefanteur étoit plus petite
dans cette Ifle voifine de l'E'quateur, qu'elle
n'eft en France, les Sçavants tournérent
leurs vûës vers toutes les conféquences que
devoit avoir cette fameufe découverte. Un
des plus illuftres Membres de l'Académie
trouva qu'elle prouvoit également, & le
mouvement de la Terre autour de fon axe,
qui n'avoit plus guére befoin d'être prouvé,
& l'applatiffement de la Terre vers les Poles,
qui étoit un paradoxe. M. Huygens appliquant aux parties qui forment la Terre, la
théorie des Forces centrifuges, dont il
étoit l'inventeur, fit voir qu'en confidérant
fes parties comme pefant toutes uniformé-
ment vers un centre, & comme faifant leur
révolution autour d'un axe; il falloit, pour
qu'elles demeuraffent en équilibre, qu'elles
formaffent un Sphéroïde applati vers les
Poles. M. Huygens détermina même la
quantité de cet applatiffement, & tout cela
par les Principes ordinaires fur la Pefanteur.

M. Newton étoit parti d'une autre théorie, de l'attraction des parties de la matiére

les unes vers les autres, & étoit arrivé à la même conclusion, c'est-à-dire, à l'applatissement de la Terre, quoiqu'il déterminât autrement la quantité de cet applatissement. En effet, on peut dire que lorsqu'on voudra examiner par les loix de la Statique, la figure de la Terre, toutes les théories conduisent à l'applatissement; & l'on ne sçauroit trouver un Sphéroïde allongé, que par des hypotheses assés contraintes sur la Pesanteur.

Dès l'établissement de l'Académie, un de ses premiers soins avoit été la mesure du degré du Méridien de la Terre; M. Picard avoit déterminé ce degré vers Paris, avec une si grande exactitude, qu'il ne sembloit pas qu'on pût souhaiter rien au-delà. Mais cette mesure n'étoit universelle, qu'en cas que la Terre eût été sphérique, & si la Terre étoit applatie, elle devoit être trop longue pour les degrés vers l'Equateur, & trop courte pour les degrés vers les Poles.

Lorsque la mesure du Méridien qui traverse la France, fut achevée, on fut bien surpris de voir qu'on avoit trouvé les degrés vers le Nord plus petits que vers le Midi; cela étoit absolument opposé à ce qui devoit fuivre de l'applatiffement de la Terre. Selon ces mefures, elle devoit être allongée vers les Poles; d'autres opérations faites fur le Parallele qui traverfe la France, confirmoient cet allongement, & ces mefures avoient un grand poids.

L'Académie fe voyoit ainfi partagée; fes propres lumiéres l'avoient renduë incertaine, lorfque le Roy voulut faire décider cette grande queftion, qui n'étoit pas de ces vaines fpéculations, dont l'oifiveté ou l'inutile fubtilité des Philofophes s'occupe quelquefois, mais qui doit avoir des influences réelles fur l'Aftronomie & fur la Navigation.

Pour bien déterminer la figure de la Terre, il falloit comparer enfemble deux degrés du Méridien les plus différents en latitude qu'il fût poffible; parce que fi ces degrés vont en croiffant ou décroiffant de l'Équateur au Pole, la différence trop petite entre des degrés voifins, pourroit fe confondre avec les erreurs des obfervations, au lieu que fi les deux degrés qu'on compare, font à de grandes diftances l'un de l'autre, cette différence fe trouvant répétée autant de fois qu'il y a de degrés intermédiaires, fera une fomme trop confidérable pour échapper aux obfervateurs.

M. le Comte de Maurepas qui aime les Sciences, & qui veut les faire fervir au bien de l'Etat, trouva réunis dans cette entreprife, l'avantage de la Navigation & celui de l'Académie; & cette vûë de l'utilité publique mérita l'attention de M. le Cardinal de Fleury; au milieu de la Guerre, les Sciences trouvoient en lui une protection & des fecours qu'à peine auroient-elles ofé efpérer dans la Paix la plus profonde. M. le Comte de Maurepas envoya bien-tôt à l'Académie, des ordres du Roy pour terminer la queftion de la Figure de la Terre; l'Académie les reçût avec joye, & fe hâta de les exécuter par plufieurs de fes Membres; les uns devoient aller fous l'Equateur, mefurer le premier degré du Méridien, & partirent un an avant nous; les autres devoient aller au Nord, mefurer le degré le plus feptentrional qu'il fût poffible. On vit partir avec la même ardeur ceux qui s'alloient expofer au Soleil de la Zone brûlante, & ceux qui devoient fentir les horreurs de l'hiver dans la Zone glacée. Le même efprit les animoit tous, l'envie d'être utiles à la Patrie.

La troupe deſtinée pour le Nord, étoit compoſée de quatre Académiciens, qui étoient M.rs Clairaut, Camus, le Monnier & moi, & de M. l'Abbé Outhier, auxquels ſe joignit M. Celſius célébre Profeſſeur d'Aſtronomie à *Upſal*, qui a aſſiſté à toutes nos opérations, & dont les lumiéres & les conſeils nous ont été fort utiles. S'il m'étoit permis de parler de mes autres compagnons, de leur courage & de leurs talens, on verroit que l'ouvrage que nous entreprenions, tout difficile qu'il peut paroître, étoit facile à exécuter avec eux.

Depuis long-temps nous n'avons point de nouvelles de ceux qui ſont partis pour l'Equateur. On ne ſçait preſque encore de cette entrepriſe, que les peines qu'ils ont euës ; & notre expérience nous a appris à trembler pour eux. Nous avons été plus heureux, & nous revenons apporter à l'Académie, le fruit de nc ... travail.

Le Vaiſſeau qui nous ꝑtoit, étoit à peine arrivé à *Stockholm*, que nous nous hâtâmes d'en partir pour nous rendre au fond du Golfe de *Bottnie*, d'où nous pourrions choiſir, mieux que ſur la foi des Cartes, laquelle des deux côtes de ce Golfe, ſeroit la plus convenable pour nos opérations. Les périls dont on nous menaçoit à Stockholm ne nous retardérent point ; ni les bontés d'un Roy, qui, malgré les ordres qu'il avoit donnés pour nous, nous répéta plusieurs fois, qu'il ne nous voyoit partir qu'avec peine pour une entreprise aussi dangereuse. Nous arrivâmes à *Torneå* assés tôt pour y, voir le Soleil luire sans disparoître pendant plusieurs jours, comme il fait dans ces climats au Solstice d'été ; spectacle merveilleux pour les habitants des Zones tempérées, quoiqu'ils sçachent qu'ils le trouveront au *Cercle Polaire.*

Il n'est peut-être pas inutile de donner ici une idée de l'ouvrage que nous nous proposions, & des opérations que nous avions à faire pour mesurer un degré du Méridien.

Lorsqu'on s'avance vers le Nord, personne n'ignore qu'on voit s'abbaisser les Etoiles placées vers l'Equateur, & qu'au contraire celles qui sont situées vers le Pole s'élevent ; c'est ce phénomene qui vraisemblablement a été la premiére preuve de la rondeur de la Terre. J'appelle cette différence qu'on observe dans la hauteur méridienne d'une Étoile, lorsqu'on parcourt un arc du méridien de la Terre, l'*Amplitude* de cet arc; c'est elle qui en mesure la courbûre, ou, en langage ordinaire, c'est le nombre de minutes & de secondes qu'il contient.

Si la Terre étoit parfaitement sphérique, cette différence de hauteur d'une Étoile, cette amplitude seroit toûjours proportionnelle à la longueur de l'arc du méridien qu'on auroit parcouru. Si, pour voir une Étoile changer son élevation d'un degré, il falloit vers Paris, parcourir une distance de 57000 toises sur le Méridien, il faudroit à Torneå, parcourir la même distance pour appercevoir dans la hauteur d'une Étoile, le même changement.

Si au contraire la surface de la Terre étoit absolument platte; quelque longue distance qu'on parcourût vers le Nord, l'Étoile n'en paroîtroit ni plus ni moins élevée.

Si donc la surface de la Terre est inégalement courbe dans différentes régions; pour trouver la même différence de hauteur dans une Étoile, il faudra dans ces différentes régions, parcourir des arcs inégaux du méridien de la Terre; & ces arcs dont l'amplitude fera toûjours d'un degré, feront plus longs là où la Terre fera plus applatie. Si la Terre eft applatie vers les Poles, un degré du Méridien terreftre fera plus long vers les Poles que vers l'Equateur; & l'on pourra juger ainfi de la figure de la Terre, en comparant fes différents degrés les uns avec les autres.

On voit par-là que pour avoir la mefure d'un degré du méridien de la Terre, il faut avoir une diftance mefurée fur ce méridien, & connoître le changement d'élevation d'une Etoile aux deux extrémités de la diftance mefurée; afin de pouvoir comparer la longueur de l'arc avec fon amplitude.

La première partie de notre ouvrage confiftoit donc à mefurer quelque diftance confidérable fur le Méridien; & il falloit pour cela former une fuite de Triangles qui communiquaffent avec quelque bafe, dont on pourroit mefurer la longueur à la perche.

Notre efpérance avoit toûjours été de faire nos opérations fur les côtes du Golfe de Bottnie. La facilité de nous rendre par Mer aux différentes ftations, d'y tranfporter les inftruments dans des chaloupes, l'avantage des points de vûë, que nous promet-

toient les Isles du Golfe, marquées en
quantité sur toutes les Cartes ; tout cela avoit
fixé nos idées sur ces côtes & sur ces Isles.
Nous allâmes aussi-tôt avec impatience les
reconnoître ; mais toutes nos navigations
nous apprirent qu'il falloit renoncer à notre
premier dessein. Ces Isles qui bordent
les côtes du Golfe, & les côtes du Golfe
même, que nous nous étions représentées
comme des Promontoires, qu'on pourroit
appercevoir de très-loin, & d'où l'on en
pourroit appercevoir d'autres aussi éloi-
gnées, toutes ces Isles étoient à fleur d'eau ;
par conséquent bien-tôt cachées par la
rondeur de la Terre ; elles se cachoient
même l'une l'autre vers les bords du Golfe,
où elles étoient trop voisines ; & toutes
rangées vers les côtes, elles ne s'avançoient
point assés en Mer, pour nous donner la
direction dont nous avions besoin. Après
nous être opiniâtrés dans plusieurs navigations à chercher dans ces Isles ce que nous
n'y pouvions trouver, il fallut perdre l'es-
pérance, & les abandonner.

J'avois commencé le voyage de Stockholm à Torneå en carrosse, comme le reste
de la Compagnie ; mais le hasard nous ayant

fait rencontrer vers le milieu de cette longue route, le Vaiſſeau qui portoit nos inſtruments & nos domeſtiques, j'étois monté ſur ce Vaiſſeau, & étois arrivé à Torneå quelques jours avant les autres. J'avois trouvé en mettant pied à terre, le Gouverneur de la Province qui partoit pour aller viſiter la *Lapponie* ſeptentrionale de ſon gouvernement ; je m'étois joint à lui pour prendre quelque idée du Pays, en attendant l'arrivée de mes compagnons, & j'avois pénétré juſqu'à 15 lieuës vers le Nord. J'étois monté la nuit du Solſtice ſur une des plus hautes montagnes de ce Pays, ſur *Avaſaxa* ; & j'étois revenu auſſi-tôt pour me trouver à Torneå à leur arrivée. Mais j'avois remarqué dans ce voyage, qui ne dura que trois jours, que le fleuve de Torneå ſuivoit aſſés la direction du Méridien juſqu'où je l'avois remonté ; & j'avois découvert de tous côtés de hautes montagnes, qui pouvoient donner des points de vûë fort éloignés.

Nous penſâmes donc à faire nos opérations au Nord de Torneå ſur les ſommets de ces montagnes ; mais cette entrepriſe ne paroiſſoit guére poſſible.

Il falloit faire dans les deserts d'un Pays presque inhabitable, dans cette forêt immense qui s'étend depuis Torneå jusqu'au *Cap Nord*, des opérations difficiles dans les Pays les plus commodes. Il n'y avoit que deux maniéres de pénétrer dans ces deserts, & qu'il falloit toutes les deux éprouver; l'une en naviguant sur un fleuve rempli de cataractes, l'autre en traversant à pied des forêts épaisses, ou des marais profonds. Supposé qu'on pût pénétrer dans le Pays, il falloit après les marches les plus rudes, escalader des montagnes escarpées; il falloit dépouiller leur sommet des arbres qui s'y trouvoient, & qui en empêchoient la vûë; il falloit vivre dans ces deserts avec la plus mauvaise nourriture; & exposés aux Mouches qui y sont si cruelles, qu'elles forcent les Lappons & leurs Reenes, d'abandonner le pays dans cette saison, pour aller vers les côtes de l'Océan, chercher des lieux plus habitables. Enfin il falloit entreprendre cet ouvrage, sans sçavoir s'il étoit possible, & sans pouvoir s'en informer à personne; sans sçavoir si après tant de peines, le défaut d'une montagne n'arrêteroit pas absolument la suite de nos Triangles.

fans fçavoir fi nous pourrions trouver fur le fleuve, une bafe qui pût être liée avec nos Triangles. Si tout cela réuffiffoit, il faudroit enfuite bâtir des Obfervatoires fur la plus feptentrionale de nos montagnes; il faudroit y porter un attirail d'inftruments plus complet qu'il ne s'en trouve dans plufieurs Obfervatoires de l'Europe; il faudroit y faire des obfervations des plus fubtiles de l'Aftronomie.

Si tous ces obftacles étoient capables de nous effrayer; d'un autre côté cet ouvrage avoit pour nous bien des attraits. Outre toutes les peines qu'il falloit vaincre, c'étoit mefurer le degré le plus feptentrional que vrai-femblablement il foit permis aux hommes de mefurer, le degré qui coupoit le Cercle Polaire, & dont une partie feroit dans la Zone glacée. Enfin après avoir défefpéré de pouvoir faire ufage des Ifles du Golfe, c'étoit la feule reffource qui nous reftoit; car nous ne pouvions nous réfoudre à redefcendre dans les autres Provinces plus méridionales de la Suede.

Nous partîmes donc de Torneå le vendredi 6 Juillet, avec une troupe de foldats Finnois, & un grand nombre de bateaux *Juillet 1736.*

chargés d'inftruments, & des chofes les plus indifpenfables pour la vie ; & nous commençâmes à remonter le grand fleuve qui vient du fond de la Lapponie fe jetter dans la Mer de Botunie, après s'être partagé en deux bras, qui forment la petite ifle *Swentzar*, où eft bâtie la ville à 65° 51' de latitude. Depuis ce jour, nous ne vêcûmes plus que dans les deferts, & fur le fommet des montagnes, que nous voulions lier par des Triangles les unes aux autres.

Après avoir remonté le fleuve depuis 9 heures du matin jufqu'à 9 heures du foir, nous arrivâmes à *Korpikyla*, c'eft un hameau fur le bord du fleuve, habité par des Finnois; nous y defcendîmes, & après avoir marché à pied quelque temps à travers la forêt, nous arrivâmes au pied de *Niwa*, montagne efcarpée, dont le fommet n'eft qu'un rocher où nous montâmes, & fur lequel nous nous établîmes. Nous avions été fur le fleuve, fort incommodés de groffes Mouches à tête verte, qui tirent le fang par-tout où elles picquent ; nous nous trouvâmes fur Niwa, perfecutés de plufieurs autres efpeces encore plus cruelles.

Deux jeunes Lappones gardoient un petit troupeau de Reenes fur le fommet de cette montagne, & nous apprîmes d'elles comment on fe garantit des Mouches dans ce pays; ces pauvres filles étoient tellement cachées dans la fumée d'un grand feu qu'elles avoient allumé, qu'à peine pouvions-nous les voir, & nous fûmes bien-tôt dans une fumée auffi épaiffe que la leur.

Pendant que notre troupe étoit campée fur Niwa, j'en partis le 8 à une heure après minuit avec M. Camus, pour aller reconnoître les montagnes vers le Nord. Nous remontâmes d'abord le fleuve jufqu'au pied d'Avafaxa, haute montagne, dont nous dépouillâmes le fommet de fes arbres, & où nous fîmes conftruire un fignal. Nos fignaux étoient des cones creux, bâtis de plufieurs grands arbres qui, dépouillés de leur écorce, rendoient ces fignaux fi blancs qu'on les pouvoit facilement obferver de 10 & 12 lieuës; leur centre étoit toûjours facile à retrouver en cas d'accident, par des marques qu'on gravoit fur les rochers, & par des piquets qu'on enfonçoit profondément en terre, & qu'on recouvroit de quelque groffe pierre. Enfin ces fignaux

étoient auffi commodes pour obferver, &
prefque auffi folidement bâtis que la plûpart
des édifices du pays.

Dès que notre fignal fut bâti, nous
defcendîmes d'Avafaxa ; & étant entrés
dans la petite riviére de *Tengliö*, qui vient
au pied de la montagne fe jetter dans le
grand fleuve, nous remontâmes cette riviére
jufqu'à l'endroit qui nous parut le plus
proche d'une montagne, que nous crûmes
propre à notre opération ; là nous mîmes
pied à terre, & après une marche de 3 heur.
à travers un marais, nous arrivâmes au pied
d'*Horrilakero.* Quoique fort fatigués, nous
y montâmes, & paffâmes la nuit à faire couper la forêt qui s'y trouva. Une grande partie
de la montagne eft d'une pierre rouge, par-
femée d'une efpece de criftaux blancs, longs
& affés paralleles les uns aux autres. La fumée ne put nous défendre des Mouches,
plus cruelles fur cette montagne que fur
Niwa. Il fallut, malgré la chaleur qui étoit
très-grande, nous envelopper la tête dans
nos *Lappmudes* (ce font des robes de peaux
de Reenes) & nous faire couvrir d'un
épais rempart de branches de Sapins & de
Sapins mêmes entiers, qui nous accabloient,
& qui

& qui ne nous mettoient pas en sûreté *Juillet.*
pour long-temps.

Après avoir coupé tous les arbres qui
se trouvoient sur le sommet d'Horrilakero,
& y avoir bâti un signal, nous en partîmes
& revînmes par le même chemin, trouver
nos bateaux que nous avions retirés dans le
bois; c'est ainsi que les gens de ce pays sup-
pléent aux cordes dont ils sont mal pourvûs.
Il est vrai qu'il n'est pas difficile de traîner,
& même de porter les bateaux dont on se
sert sur les fleuves de Lapponie. Quelques
planches de Sapin fort minces, composent
une nacelle si légére & si fléxible, qu'elle
peut heurter à tous moments les pierres
dont les fleuves sont pleins, avec toute la
force que lui donnent des torrents, sans
que pour cela elle soit endommagée. C'est
un spectacle qui paroît terrible à ceux qui
n'y sont pas accoûtumés, & qui étonnera
toûjours les autres, que de voir au milieu
d'une cataracte dont le bruit est affreux,
cette fresle machine entraînée par un torrent
de vagues, d'écume & de pierres, tantôt
élevée dans l'air, & tantôt perduë dans les
flots; un Finnois intrépide la gouverne avec
un large aviron, pendant que deux autres

forcent de rames pour la dérober aux flots qui la poursuivent, & qui font toûjours prêts à l'inonder ; la quille alors est souvent toute en l'air, & n'est appuyée que par une de ses extrémités fur une vague qui lui manque à tous moments. Si ces Finnois font hardis & adroits dans les cataractes, ils font par-tout ailleurs fort industrieux à conduire ces petits bateaux, dans lesquels le plus souvent ils n'ont qu'un arbre avec ses branches, qui leur fert de voile & de mât.

Nous nous rembarquâmes fur le Tengliö ; & étant rentrés dans le fleuve de Torneå, nous le descendîmes pour retourner à Korpikyla. A quatre lieuës d'Avasaxa, nous quittâmes nos bateaux, & ayant marché environ une heure dans la forêt, nous nous trouvâmes au pied de *Cuitaperi*, montagne fort escarpée, dont le sommet n'est qu'un rocher couvert de mousse, d'où la vûë s'étend fort loin de tous côtés, & d'où l'on voit au Midi la Mer de Bottnie. Nous y élevâmes un signal, d'où l'on découvroit Horrilakero, Avasaxa, Torneå, Niwa, & *Kakama*. Nous continuâmes ensuite de descendre le fleuve, qui a entre Cuitaperi & Korpikyla, des cataractes épouventables qu'on ne paſſe point en bateau. Les Finnois ne manquent pas de faire mettre pied à terre à l'endroit de ces cataractes ; mais l'excès de fatigue nous avoit rendu plus facile de les paſſer en bateau, que de marcher cent pas. Enfin nous arrivâmes le 11 au ſoir ſur Niwa, où le reſte de nos M.ʳˢ étoient établis ; ils avoient vû nos ſignaux, mais le ciel étoit ſi chargé de vapeurs, qu'ils n'a-voient pû faire aucune obſervation. Je ne ſçais ſi c'eſt parce que la préſence conti-nuelle du Soleil ſur l'horiſon, fait élever des vapeurs qu'aucune nuit ne fait deſcendre ; mais pendant les deux mois que nous avons paſſé ſur les montagnes, le ciel étoit toû-jours chargé, juſqu'à ce que le vent de Nord vint diſſiper les brouillards. Cette diſpoſi-tion de l'air nous a quelquefois retenus ſur une ſeule montagne 8 & 10 jours, pour attendre le moment auquel on pût voir aſſés diſtinctement les objets qu'on vouloit obſerver. Ce ne fut que le lendemain de notre retour ſur Niwa, qu'on prit quelques angles ; & le jour qui ſuivit, un vent de Nord très-froid s'étant levé, on acheva les obſervations.

Le 14, nous quittâmes Niwa, & pendant

que M.rs Camus, le Monnier & Celsius alloient à Kakama, nous vînmes M.rs Clairaut, Outhier & moi fur Cuitaperi, d'où M. l'Abbé Outhier partit le 16, pour aller planter un fignal fur *Pullingi*. Nous fîmes le 18 les obfervations qui, quoiqu'interrompuës par le tonnerre & la pluye, furent achevées le foir; & le 20 nous en partîmes tous, & arrivâmes à minuit fur Avafaxa.

Cette montagne eft à 15 lieuës de Torneå fur le bord du fleuve; l'accès n'en eft pas facile, on y monte par la forêt qui conduit jufqu'à environ la moitié de la hauteur; la forêt eft là interrompuë par un grand amas de pierres efcarpées & gliffantes, après lequel on la retrouve, & elle s'étendoit jufques fur le fommet; je dis elle s'étendoit, parce que nous fîmes abbattre tous les arbres qui couvroient ce fommet. Le côté du Nord-Eft eft un précipice affreux de rochers, dans lefquels quelques Faucons avoient fait leur nid; c'eft au pied de ce précipice que coule le Tengliö, qui tourne autour d'Avafaxa avant que de fe jetter dans le fleuve de Torneå. De cette montagne la vûë eft très-belle; nul objet ne l'arrête vers le Midi, & l'on découvre une vaſte étenduë du fleuve; du côté de l'Eſt, elle pourſuit le Tengliö juſques dans pluſieurs lacs qu'il traverſe; du côté du Nord, la vûë s'étend à 12 ou 15 lieuës, où elle eſt arrêtée par une multitude de montagnes entaſſées les unes ſur les autres, comme on repréſente le cahos, & parmi leſquelles il n'étoit pas facile d'aller trouver celle qu'on avoit vûë d'Avaſaxa.

Nous paſſâmes 10 jours ſur cette montagne, pendant leſquels la curioſité nous procura ſouvent les viſites des habitants des campagnes voiſines; ils nous apportoient des Poiſſons, des Moutons, & les miſérables Fruits qui naiſſent dans ces forêts.

Entre cette montagne & Cuitaperi, le fleuve eſt d'une très-grande largeur, & forme une eſpece de lac qui, outre ſon étenduë, étoit ſitué fort avantageuſement pour notre baſe; M.rs Clairaut & Camus ſe chargérent d'en déterminer la direction, & demeurérent pour cela à *Öfwer-Torneå* après que nos obſervations furent faites ſur Avaſaxa, pendant que j'allois ſur Pullingi avec M.rs le Monnier, Outhier & Celſius. Ce même jour que nous quittâmes Avaſaxa, nous paſſâmes le Cercle Polaire, & arrivâmes le lendemain 31 Juillet fur les 3 heures du matin à *Turtula*, c'eft un efpece de hameau où l'on coupoit le peu d'orge & de foin qui y croît. Après avoir marché quelque temps dans la forêt, nous nous embarquâmes fur un lac qui nous conduifit au pied de Pullingi.

C'eft la plus élevée de nos montagnes; ·: elle eft d'un accès très-rude par la promptitude avec laquelle elle s'éleve, & la hauteur de la mouffe dans laquelle nous avions beaucoup de peine à marcher. Nous arrivâmes cependant fur le fommet à 6 heures du matin; & le féjour que nous y fîmes depuis le 31 Juillet jufqu'au 6 Août fut auffi pénible que l'abord. Il y fallut abbattre une forêt des plus grands arbres; & les Mouches nous tourmentérent au point que nos foldats du regiment de Weftro-Bottnie, troupe diftinguée, même en Suede où il y en a tant de valeureufes, ces hommes endurcis dans les plus grands travaux, furent contraints de s'envelopper le vifage, & de fe le couvrir de godron; ces infectes infectoient tout ce qu'on vouloit manger, dans l'inftant tous nos mets en étoient noirs. Les Oifeaux de proye n'étoient pas moins affamés, ils voltigeoient fans ceffe autour de nous, pour ravir quelques morceaux d'un Mouton qu'on nous apprêtoit.

Le lendemain de notre arrivée fur Pul-lingi, M. l'Abbé Outhier en partit avec un Officier du même regiment qui nous a rendu beaucoup de fervices, pour aller éle-ver un fignal vers *Pello*. Le 4 nous en vîmes paroître un fur *Niemi* que le même Officier fit élever; ayant pris les angles entre ces fignaux, nous quittâmes Pullingi le 6 Août après y avoir beaucoup fouffert, pour aller à Pello; & après avoir remonté quatre cataractes, nous y arrivâmes le même jour.

Pello eft un village habité par quelques Finnois, auprès duquel eft *Kittis* la moins élevée de toutes nos montagnes; c'étoit-là qu'étoit notre fignal. En y montant, on trouve une groffe fource de l'eau la plus pure, qui fort d'un fable très-fin, & qui, pendant les plus grands froids de l'hiver, conferve fa liquidité; lorfque nous retour-nâmes à Pello fur la fin de l'hiver, pendant que la Mer du fond du Golfe, & tous les fleuves étoient auffi durs que le Marbre, cette eau couloit comme pendant l'été.

Nous fûmes affés heureux pour faire en arrivant nos obfervations, & ne demeurer fur Kittis que jufqu'au lendemain ; nous en partîmes à 3 heures après midi, & arrivâmes le même foir à Turtula.

Il y avoit déja un mois que nous habitions les deferts, ou plûtôt le fommet des montagnes, où nous n'avions d'autre lit que la terre, ou la pierre couverte d'une peau de Reene, ni guére d'autre nourriture que quelques Poiffons que les Finnois nous apportoient, ou que nous pêchions nous-mêmes, & quelques efpeces de Bayes ou fruits fauvages qui croiffent dans ces forêts. La fanté de M. le Monnier, qu'un tel genre de vie dérangeoit à vûë d'œil, & qui avoit reçû les plus rudes attaques fur Pullingi, ayant manqué tout-à-fait, je le laiffai à Turtula, pour redefcendre le fleuve, & s'aller rétablir chés le Curé d'Öfwer-Torneå, dont la maifon étoit le meilleur, & prefque le feul afyle qui fût dans le pays.

Je partis en même temps de Turtula, accompagné de M.rs Outhier & Celfius, pour aller à travers la forêt, chercher le fignal que l'Officier avoit élevé fur Niemi. Ce voyage fut terrible ; nous marchâmes d'abord en fortant de Turtula jufqu'à un ruiffeau, où nous nous embarquâmes fur trois petits bateaux; mais ils naviguoient avec tant de peine entre les pierres, qu'à tous moments il en falloit defcendre, & fauter d'une pierre fur l'autre. Ce ruiffeau nous conduifit à un lac fi rempli de petits grains jaunâtres, de la groffeur du Mil, que toute fon eau en étoit teinte; je pris ces grains pour la chryfalide de quelque Infecte, & je croirois que c'étoit de quelques-unes de ces Mouches qui nous perfécutoient, parce que je ne voyois que ces animaux qui pûffent répondre par leur quantité, à ce qu'il falloit de grains de Mil pour remplir un lac affés grand. Au bout de ce lac, il fallut marcher jufqu'à un autre de la plus belle eau, fur lequel nous trouvâmes un bateau; nous mîmes dedans le Quart-de-cercle, & le fuivîmes fur les bords. La forêt étoit fi épaiffe fur ces bords, qu'il falloit nous faire jour avec la hache, embarraffés à chaque pas par la hauteur de la mouffe, & par les Sapins que nous rencontrions abbatus. Dans toutes ces forêts, il y a prefque un auffi grand nombre de ces arbres, que de ceux qui font fur pied; la terre qui les peut faire croître jusqu'à un certain point, n'est pas capable de les nourrir, ni assés profonde pour leur permettre de s'affermir; la moitié périt ou tombe au moindre vent. Toutes ces forêts sont pleines de Sapins & de Bouleaux ainsi déracinés; le temps a réduit les derniers en poussiére, sans avoir causé la moindre altération à l'écorce; & l'on est surpris de trouver de ces arbres assés gros qu'on écrase & qu'on brise dès qu'on les touche. C'est cela peut-être qui a fait penser à l'usage qu'on fait en Suede de l'écorce de Bouleau; on s'en sert pour couvrir les maisons, & rien en effet n'y est plus propre. Dans quelques Provinces, cette écorce est couverte de terre, qui forme sur les toits, des especes de jardins, comme il y en a sur les maisons d'Upsal. En *Westro-Bottnie*, l'écorce est arrêtée par des cylindres de Sapin attachés sur le faîte, & qui pendent des deux côtés du toit. Nos forêts donc ne paroissoient que des ruines ou des débris de forêts dont la plûpart des arbres étoient péris; c'étoit un bois de cette espece, & affreux entre tous ceux-là que nous traversions à pied, suivis de douze soldats qui portoient notre bagage. Nous arrivâmes

enfin fur le bord d'un troifiéme lac, grand,
& de la plus belle eau du monde; nous y
trouvâmes deux bateaux, dans lefquels ayant
mis nos inftruments & notre bagage, nous
attendîmes leur retour fur le bord. Le grand
vent, & le mauvais état de ces bateaux,
rendirent leur voyage long; cependant ils
revinrent, & nous nous y embarquâmes,
nous traverfâmes le lac, & nous arrivâmes
au pied de Niemi à 3 heures après midi.

Cette montagne, que les lacs qui l'en-
vironnent, & toutes les difficultés qu'il
fallut vaincre pour y parvenir, faifoient
reffembler aux lieux enchantés des Fables,
feroit charmante par-tout ailleurs qu'en
Lapponie; on trouve d'un côté un bois
clair dont le terrein eft auffi uni que les
allées d'un jardin; les arbres n'empêchent
point de fe promener, ni de voir un beau
lac qui baigne le pied de la montagne;
d'un autre côté on trouve des fales & des
cabinets qui paroiffent taillés dans le roc,
& auxquels il ne manque que le toit: ces
rochers font fi perpendiculaires à l'horifon,
fi élevés & fi unis, qu'ils paroiffent plûtôt
des murs commencés pour des Palais, que
l'ouvrage de la Nature. Nous vîmes-là

plufieurs fois s'élever du lac, ces vapeurs que les gens du pays appellent *Haltios*, & qu'ils prennent pour les efprits auxquels eft commife la garde des montagnes : celle-ci étoit formidable par les Ours qui s'y devoient trouver ; cependant nous n'y en vîmes aucun, & elle avoit plus l'air d'une montagne habitée par les Fées & par les Génies, que par les Ours.

Le lendemain de notre arrivée, les brumes nous empêchérent d'obferver. Le 10, nos obfervations furent interrompuës par le tonnerre & par la pluye ; le 11 elles furent achevées, nous quittâmes Niemi, & après avoir repaffé les trois lacs, nous nous trouvâmes à Turtula à 9 heures du foir. Nous en partîmes le 12, & arrivâmes à 3 heures après midi à Öfwer-Torneå chés le Curé, où nous trouvâmes nos M.ʳˢ ; & y ayant laiffé M. le Monnier & M. l'Abbé Outhier, je partis le 13 avec M.ʳˢ Clairaut, Camus & Celfius pour Horrilákero. Nous entrâmes avec quatre bateaux dans le Tengliö qui a fes cataractes, plus incommodes par le peu d'eau qui s'y trouve, & le grand nombre de pierres, que par la rapidité de fes eaux. Je fus furpris de trouver fur fes bords, fi près de la Zone glacée, des rofes auffi vermeilles qu'il en naiffe dans nos jardins. Enfin nous arrivâmes à 9 heures du foir à Horrilakero. Nos obfervations n'y furent achevées que le 17 ; & en étant partis le lendemain, nous arrivâmes le foir à Öfwer-Torneå, où nous nous trouvâmes tous réunis.

Le lieu le plus convenable pour la bafe avoit été choifi ; & M.rs Clairaut & Camus, après avoir bien vifité les bords du fleuve, & les montagnes des environs, avoient déterminé fa direction, & fixé fa longueur par des fignaux qu'ils avoient fait élever aux deux extrémités.

Étant montés le foir fur Avafaxa, pour obferver les angles qui devoient lier cette bafe à nos Triangles, nous vîmes Horrilakero tout en feu. C'eft un accident qui arrive fouvent dans ces forêts, où l'on ne fçauroit vivre l'été que dans la fumée, & où la mouffe & les Sapins font fi combuftibles, que tous les jours le feu qu'on y allume, y fait des incendies de plufieurs milliers d'arpens. Ces feux, ou leur fumée nous ont quelquefois autant retardés dans nos obfervations, que l'épaiffeur de l'air,

Comme l'incendie d'Horrilakero venoit sans doute du feu que nous y avions laissé mal éteint, on y envoya trente hommes pour lui couper la communication avec les bois voisins. Nous n'achevâmes nos observations sur Avasaxa que le 21 ; Horrilakero brûloit toûjours, nous le voyions enseveli dans la fumée ; & le feu qui étoit descendu dans la forêt, y faisoit à chaque instant de nouveaux ravages.

Quelques-uns des gens qu'on avoit envoyés à Horrilakero, ayant rapporté que le signal avoit été endommagé par le feu, on l'envoya rebâtir ; & il ne fut pas difficile d'en retrouver le centre, par les précautions dont j'ai parlé.

Le 22, nous allâmes à *Poiky-Torneå*, sur le bord du fleuve, où étoit le signal septentrional de la base, pour y faire les observations qui la devoient lier avec le sommet des montagnes ; & nous en partîmes le 23 pour nous rendre à l'autre extrémité de cette base, au signal méridional qui étoit sur le bord du fleuve, dans un endroit appellé *Niemisby*, où nous devions faire les mêmes observations. Nous couchâmes cette nuit dans une prairie assés

agréable, d'où M. Camus partit le lendemain pour aller à Pello, préparer quelques
cabanes pour nous loger, & faire bâtir un
Observatoire fur Kittis, où nous devions
faire les observations astronomiques pour
déterminer l'amplitude de notre arc.

Après avoir fait notre observation au
signal méridional, nous remontâmes le soir
fur Cuitaperi, où la derniére observation
qui devoit lier la base aux Triangles fut
achevée le 26.

Nous venions d'apprendre que le Secteur
que nous attendions d'Angleterre, étoit
arrivé à Torneå; & nous nous hâtâmes de
nous y rendre pour préparer ce Secteur, &
tous les autres instruments que nous devions
porter fur Kittis; parce que comme les
rigueurs de l'hiver étoient plus à craindre
fur Kittis qu'à Torneå, nous voulions commencer avant les grands froids, les observations pour l'amplitude de l'arc à cette
extrémité de notre Méridienne. Pendant
qu'on préparoit tout pour le voyage de Pello,
nous montâmes dans la flèche de l'Eglise
qui est bâtie dans l'isle Swentzar, que je
désigne ici, pour qu'on ne la confonde pas
avec l'Eglise Finnoise, bâtie dans l'isle

Biörcköhn, au Midi de Swentzar; & ayant observé de cette flêche, les angles qu'elle fait avec nos montagnes, nous repartîmes de Torneå le 3 Septembre avec quinze bateaux, qui faisoient sur le fleuve la plus grande flote qu'on y eût jamais vûë, & nous vinmes coucher à *Kuckula*.

Septembre.

Le lendemain, nous arrivâmes à Korpikyla; & pendant que le reste de la Compagnie continuoit sa route vers Pello, j'en partis à pied avec M.rs Celsius & Outhier pour aller à Kakama, où nous n'arrivâmes qu'à 9 heures du soir par une grande pluye.

Tout le sommet de Kakama est d'une pierre blanche, feuilletée & séparée par des plans verticaux, qui coupent fort perpendiculairement le Méridien. Ces pierres avoient tellement retenu la pluye, qui tomboit depuis long-temps, que tous les endroits qui n'étoient pas des pointes de rocher, étoient pleins d'eau; & il plut encore sur nous toute la nuit. Nos observations ne purent être achevées le lendemain; il fallut passer sur cette montagne une seconde nuit aussi humide & aussi froide que la premiére; & ce ne fut que le 6 que nous achevâmes nos observations.

Après

Après ce fâcheux féjour que nous avions *Septembre.*
fait fur Kakama, nous en partîmes; & la
pluye continuelle, dans une forêt où l'on
avoit beaucoup de peine à marcher, nous
ayant fait faire les plus grands efforts, nous
arrivâmes, après cinq heures de marche, à
Korpikyla. Nous y couchâmes cette nuit;
& étant partis le lendemain, nous arrivâmes
le 9 Septembre à Pello, où nous nous
trouvâmes tous réunis.

Toutes nos courfes, & un féjour de 63
jours dans les deferts, nous avoient donné
la plus belle fuite de Triangles que nous
puffions fouhaiter. Un ouvrage commencé
fans fçavoir s'il feroit poffible, & pour
ainfi dire, au hazard, étoit devenu un ouvrage heureux, dans lequel il fembloit que
nous euffions été les maîtres de placer les
montagnes à notre gré. Toutes nos montagnes avec l'Eglife de Torneå, formoient
une figure fermée, dans laquelle fe trouvoit Horrilakero, qui en étoit comme
le foyer & le lieu où aboutiffoient les
Triangles, dans lefquels fe divifoit notre
figure. C'étoit un long Heptagone qui fe
trouvoit placé dans la direction du Méridien. Il étoit fufceptible d'une vérification

C

singuliére dans ces sortes d'opérations, dépendante de la propriété des Polygones.
La somme des angles d'un Heptagone sur
un plan, doit être de 900 degrés : la somme
dans notre Heptagone couché sur une surface courbe, doit être un peu plus grande ;
& nous la trouvions de 900° 1′ 37″ après
16 angles observés. Vers le milieu de l'Heptagone se trouvoit une base plus grande
qu'aucune qui eût jamais été mesurée, &
sur la surface la plus platte, puisque c'étoit
sur les eaux du fleuve que nous la devions
mesurer, lorsqu'il seroit glacé. La grandeur de cette base nous assûroit de la précision avec laquelle nous pouvions mesurer
l'Heptagone ; & sa situation ne nous laissoit
point craindre que les erreurs pussent aller
loin, par le petit nombre de nos Triangles,
au milieu desquels elle se trouvoit.

Enfin la longueur de l'arc du Méridien
que nous mesurions, étoit fort convenable
pour la certitude de notre opération. S'il
y a un avantage à mesurer de grands arcs,
en ce que les erreurs qu'on peut commettre
dans la détermination de l'amplitude, ne
sont que les mêmes pour les grands arcs &
les petits, & que répanduës sur de petits arcs,

elles ont plus d'effet, que répanduës fur de
grands; d'un autre côté, les erreurs qu'on
peut commettre fur les Triangles, peuvent
avoir des effets d'autant plus dangereux, que
la diftance qu'on mefure eft plus longue,
& que le nombre des Triangles eft plus
grand. Si ce nombre eft grand, & qu'on
ne puifle pas fe corriger fouvent par des
bafes, ces derniéres erreurs peuvent former
une férie très-divergente, & faire perdre
plus d'avantage qu'on n'en retireroit par de
grands arcs. J'avois lû à l'Académie, avant
mon départ, un Mémoire fur cette matiére,
où j'avois déterminé la longueur la plus
avantageufe qu'il fallût mefurer pour avoir
la mefure la plus certaine ; cette longueur
dépend de la précifion avec laquelle on obferve les angles horifontaux, comparée à celle
que peut donner l'inftrument avec lequel
on obferve la diftance des E'toiles au Zénith.
Et appliquant à notre opération, les réfléxions que j'avois faites, on trouvera qu'un
arc plus long ou plus court que le nôtre,
ne nous auroit pas donné tant de certitude
dans fa mefure.

Nous nous fervions, pour obferver les
angles entre nos fignaux, d'un Quart-de-

cercle de deux pieds de rayon, armé d'un Micrometre, qui vérifié plusieurs fois autour de l'horison, donnoit toûjours la somme des angles fort près de quatre droits ; son centre étoit toûjours placé au centre des fignaux ; chacun faisoit son observation, & l'écrivoit séparément ; & l'on prenoit ensuite le milieu de toutes ces observations, qui différoient peu les unes des autres.

Sur chaque montagne, on avoit soin d'observer la hauteur ou l'abbaissement des objets dont on se servoit pour prendre les angles ; & c'est sur ces hauteurs, qu'est fondée la réduction des angles au plan de l'horison.

Cette premiére partie de notre ouvrage, celle sur laquelle pouvoit tomber l'impossibilité, étant si heureusement terminée, notre courage redoubla pour le reste, qui ne demandoit plus que des peines.

Dans une suite de Triangles qui se tiennent les uns aux autres, par des côtés communs, & dont on connoît les angles, dès qu'on connoît un côté d'un seul de ces Triangles, il est facile de connoître tous les autres. Nous étions donc sûrs d'avoir fort exactement la distance entre la flêche de l'Eglife de Torneå, qui terminoit notre Heptagone au Midi, & le fignal de Kittis, qui le terminoit au Nord, dès qu'une fois la longueur de notre bafe feroit connuë; & cette mefure fe pouvoit remettre à l'hiver, où le temps, ni la glace ne nous manqueroient pas.

Nous penfâmes donc à l'autre partie de notre ouvrage; à déterminer l'amplitude de l'arc du Méridien compris entre Kittis & Torneå, que nous regardions comme mefuré. J'ai dit en quoi confiftoit cette détermination. Il falloit obferver la quantité dont une même E'toile, lorfqu'elle paffoit au Méridien, paroiffoit plus haute ou plus baffe à Torneå qu'à Kittis; ou, ce qui revient au même, la quantité dont cette E'toile à fon paffage par le Méridien, étoit plus proche ou plus éloignée du Zénith de Torneå que de celui de Kittis. Cette différence entre les deux hauteurs, ou entre les deux diftances au Zénith, étoit l'amplitude de l'arc du Méridien terreftre entre Kittis & Torneå. Cette opération eft fimple, elle ne demande pas même qu'on ait les diftances abfoluës de l'E'toile au Zénith de chaque lieu; il fuffit d'avoir la différence entre ces

C iij

diſtances. Mais cette opération demande la plus grande exactitude, & les plus grandes précautions. Nous avions pour la faire, un Secteur d'environ 9 pieds de rayon, ſemblable à celui dont ſe ſert M. Bradley, & avec lequel il a fait ſa belle découverte ſur l'Aberration des Fixes. L'inſtrument avoit été fait à Londres, ſous les yeux de M. Graham, de la Société Royale d'Angleterre. Cet habile Méchanicien s'étoit appliqué à lui procurer tous les avantages, & toutes les commodités dont nous pouvions avoir beſoin : enfin il en avoit diviſé lui-même le limbe.

Il y a trop de choſes à remarquer dans cet inſtrument, pour entreprendre d'en faire ici une deſcription complette. Quoique ce qui conſtituë proprement l'inſtrument, ſoit fort ſimple ; ſa grandeur, le nombre des piéces qui ſervent à le rendre commode pour l'obſervateur, la peſanteur d'une large pyramide d'environ 12 pieds de hauteur qui lui ſert de pied, rendoient preſque impraticable ſon accès ſur le ſommet d'une montagne de Lapponie.

On avoit bâti ſur Kittis deux obſervatoires. Dans l'un étoit une Pendule de M.

Graham, un Quart-de-cercle de 2 pieds
de rayon, & un inftrument qui confiftoit
dans une Lunette perpendiculaire & mobile
autour d'un axe horifontal, que nous devions
encore aux foins de M. Graham ; cet inftrument étoit placé précifément au centre du
fignal qui avoit fervi de pointe à notre
dernier Triangle ; & l'on s'en fervoit pour
déterminer la direction de nos Triangles
avec la Méridienne. L'autre obfervatoire,
beaucoup plus grand, étoit à côté de celui-là,
& fi près qu'on pouvoit aifément entendre
compter à la Pendule de l'un à l'autre ; le
Secteur le rempliffoit prefque tout. Je ne
parlerai point des difficultés qui fe trouvérent à tranfporter tant d'inftruments fur
la montagne. Cela fe fit ; on plaça fort
exactement le limbe du Secteur dans le
plan du Méridien qu'on avoit tracé, & l'on
s'affûra qu'il étoit bien placé, par l'heure
du paffage de l'Etoile, dont on avoit pris
des hauteurs. Enfin tout étoit prêt pour
obferver le 30 Septembre ; & l'on fit les
jours fuivants, les obfervations de l'Etoile ♂
du Dragon, entre lefquelles la plus grande
différence qui fe trouve, n'eft pas de 3
fecondes.

Pendant qu'on obſervoit cette E'toile avec le Secteur, les autres obſervations n'étoient pas négligées ; on regloit tous les jours la Pendule avec ſoin, par les hauteurs correſpondantes du Soleil ; & l'on obſervoit avec l'inſtrument dont j'ai parlé, le paſſage du Soleil, & l'heure du paſſage par les Verticaux des ſignaux de Niemi & de Pullingi. On détermina par ce moyen, la poſition de notre Heptagone à l'égard de la Méridienne ; & huit de ces obſervations, dont les plus écartées n'ont pas entr'elles une minute de différence, donnent par un milieu, l'angle que forme avec la Méridienne de Kittis, la ligne tirée du ſignal de Kittis au ſignal de Pullingi, de 28° 51′ 52″.

Toutes ces obſervations s'étoient faites fort heureuſement ; mais les pluyes & les brumes les avoient tant retardées, que nous étions venus à un temps où l'on ne pouvoit preſque plus entreprendre le retour à Torneå ; cependant il y falloit faire les autres obſervations correſpondantes de la même E'toile ; & nous voulions tâcher qu'il s'écoulât le moins de temps qu'il ſeroit poſſible entre ces obſervations, afin d'éviter

ſes erreurs qui auroient pû naître du mouvement de l'Etoile, en cas qu'elle en eût
quelqu'un qui ne fût pas connu.

On voit aſſés que toute cette opération
étant fondée ſur la différence de la hauteur
méridienne d'une même Etoile obſervée à
Kittis & à Torneâ, il faut que cette Etoile
pendant l'opération, demeure à la même
place; ou du moins que s'il lui arrive quelque
changement d'élevation qui lui ſoit propre,
on connoiſſe ce changement, afin de ne le
pas confondre avec celui qui dépend de la
courbûre de l'arc qu'on cherche.

Les Aſtronomes ont obſervé depuis pluſieurs ſiécles, un mouvement des Etoiles
autour des Poles de l'Ecliptique, d'où naît
la Préceſſion des Equinoxes, & un changement de déclinaiſon dans les Etoiles,
dont on peut tenir compte dans l'affaire
dont nous parlons.

Mais il y a dans les Etoiles, un autre
changement en déclinaiſon, ſur lequel,
quoiqu'obſervé plus récemment, je crois
qu'on peut compter auſſi ſûrement que ſur
l'autre. Quoique M. Bradley ſoit le premier
qui ait découvert les regles de ce changement, l'exactitude de ſes obſervations, &

l'inftrument avec lequel il les a faites, équivalent à plufieurs fiécles d'obfervations ordinaires. Il a trouvé que chaque Etoile obfervée pendant le cours d'une année, fembloit décrire dans les Cieux, une petite Ellipfe dont le grand axe eft d'environ 40". Comme il fembloit d'abord y avoir de grandes variétés dans ce mouvement des Etoiles, ce ne fut qu'après une longue fuite d'obfervations que M. Bradley trouva la théorie de laquelle ce mouvement, ou plûtôt cette apparence, dépend. S'il avoit fallu fon exactitude pour découvrir ce mouvement, il fallut fa fagacité pour découvrir le principe qui le produit. Nous n'expliquerons point le Sifteme de cet illuftre Aftronome, qu'on peut voir, beaucoup mieux qu'on ne le verroit ici, dans les *Tranfactions Philofophiques, N.º 406.* Nous dirons feulement que cette différence qui arrive dans le lieu des Etoiles, obfervé de la Terre, vient du mouvement de la lumiére que l'Etoile lance, & du mouvement de la Terre dans fon orbite, combinés l'un avec l'autre. Si la Terre étoit immobile, il faudroit donner une certaine inclinaifon à la Lunette, à travers laquelle on obferve une

Etoile, pour que le rayon qui part de cette Etoile, la traversât par le centre, & parvînt à l'œil. Mais si la Terre qui porte la Lunette, se meut avec une vîtesse comparable à la vîtesse du rayon de lumiére, ce ne sera plus la même inclinaison qu'il faudra donner à la Lunette; il la faudra changer de situation, pour que le rayon qui la traverse par le centre, puisse parvenir à l'œil; & les différentes positions de la Lunette dépendront des différentes directions dans lesquelles la Terre se meut en différents temps de l'année. Le calcul fait d'après ce principe, d'après la vîtesse de la Terre dans son orbite, & d'après la vîtesse de la lumiére connuë par d'autres expériences; le changement des E'toiles en déclinaison se trouve tel que M. Bradley l'a observé; & l'on est en état d'adjoûter ou de soustraire à la déclinaison de chaque E'toile, la quantité necessaire pour la considérer comme fixe pendant le temps écoulé entre les observations qu'on compare les unes aux autres, pour déterminer l'amplitude d'un arc du Méridien.

Quoique le mouvement de chaque E'toile dans le cours de l'année, suive fort exactement la loi qui dépend de cette théorie,

M. Bradley a découvert encore un autre mouvement des Etoiles, beaucoup plus lent que les deux dont nous venons de parler, & qui n'est guére sensible qu'après plusieurs années. Il faudra encore, si l'on veut avoir la plus grande exactitude, tenir compte de ce troisiéme mouvement. Mais pour notre opération, dans laquelle le temps écoulé entre les oservations, est très-court, son effet est insensible, ou du moins beaucoup plus petit que tout ce qu'on peut raisonnablement espérer de déterminer dans ces sortes d'opérations. En effet, j'avois consulté M. Bradley, pour sçavoir s'il avoit quelques observations immédiates des deux Etoiles dont nous nous sommes servis pour déterminer l'amplitude de notre arc. Quoiqu'il n'ait point observé nos Etoiles, parce qu'elles passent trop loin de son zénith, pour pouvoir être observées avec son instrument, il a bien voulu me faire part de ses derniéres découvertes sur l'Aberration, & sur ce troisiéme mouvement des Etoiles : & la correction qu'il m'a envoyée pour notre amplitude, dans laquelle il a eu égard à la Précession des Equinoxes, à l'Aberration de la Lumiére, & à ce mouvement nouveau, ne différe pas fenfiblement de la correction que nous avions faite pour la Préceffion & l'Aberration feulement; comme on le verra dans le détail de nos opérations.

Quoiqu'on puiffe donc affés fûrement compter fur la correction pour l'Aberration de la lumiére, nous voulions tâcher que cette correction fût peu confidérable; pour fatisfaire ceux (s'il y en a) qui ne voudroient pas encore admettre la théorie de M. Bradley, ou qui croiroient qu'il y a quelqu'autre mouvement dans les Etoiles: il falloit pour cela que le temps qui s'écouleroit entre les obfervations de Kittis & celles de Torneå, fût le plus court qu'il feroit poffible.

Nous avions vû de la glace dès le 19 Septembre, & de la neige le 21; plufieurs endroits du fleuve avoient déja glacé; & ces premiéres glaces qui font imparfaites, le rendent quelquefois long-temps innavigable, & impratiquable aux traîneaux.

En attendant à Pello, nous rifquions de ne pouvoir arriver à Torneå, qu'après un temps qui mettroit un trop long intervalle entre les obfervations déja faites, & celles que nous devions y faire; nous rifquions même que notre Etoile nous échappât, & que le Soleil qui s'en approchoit, nous la fît difparoître. Il eût fallu alors revenir dans le fort de l'hiver, faire de nouvelles obfervations de quelqu'autre Etoile fur Kittis; & c'étoit une chofe qui ne paroiffoit guére pratiquable ni poffible, que de paffer les nuits d'hiver fur cette montagne à obferver.

En partant, on couroit rifque d'être pris fur le fleuve par les glaces, & arrêté avec tous les inftruments, on ne fçait où, ni pour combien de temps. On rifquoit encore de voir par-là les obfervations de Kittis devenir inutiles; & nous voyions combien les obfervations déja faites, étoient un bien difficile à retrouver dans un Pays, où les obfervations font fi rares : où tout l'été nous ne pouvions efpérer de voir aucune des Etoiles que pouvoit embraffer notre Secteur, par leur petiteffe, & par le jour continuel qui les efface; & où l'hiver rendoit l'obfervatoire de Kittis inhabitable. Nous déliberâmes fur toutes ces difficultés; & nous réfolûmes de rifquer le voyage. M.rs Camus & Celfius partirent le 23 avec le Secteur; le lendemain M.rs Clairaut &

le Monnier; enfin le 26 je partis avec M. l'Abbé Outhier. Nous fûmes affés heureux pour arriver à Torneå en bateau le 28 Octobre; & l'on nous affûroit que le fleuve n'avoit prefque jamais été navigable dans cette faifon.

L'obfervatoire que nous avions fait préparer à Torneå, étoit prêt à recevoir le Secteur, & on l'y plaça dans le plan du Méridien. Le 1er Novembre, il commença à geler très-fort, & le lendemain tout le fleuve étoit pris. La glace ne fondit plus, la neige vint bien-tôt la couvrir; & ce vafte fleuve qui, peu de jours auparavant, étoit couvert de Cygnes & de toutes les efpeces d'Oifeaux aquatiques, ne fut plus qu'une plaine immenfe de glace & de neige.

On commença le 1er Novembre à obferver la même Etoile, qu'on avoit obfervée à Kittis, & avec les mêmes précautions; & les plus écartées de ces obfervations ne différent que d'une feconde. Tant ces derniéres obfervations que celles de Kittis, avoient été faites fans éclairer les fils de la Lunette, à la lueur du jour. Et prenant un milieu entre les unes & les autres, réduifant les parties du Micrometre en secondes, & ayant égard au changement en déclinaison de l'Etoile, pendant le temps écoulé entre les observations, tant pour la précession des Equinoxes, que pour les autres mouvements de l'Etoile, on trouve pour l'amplitude de notre arc 57′ 27″.

Tout notre ouvrage étoit fait pour ainsi dire; il étoit arrêté, sans que nous pussions sçavoir s'il nous feroit trouver la Terre allongée ou applatie; parce que nous ne sçavions pas quelle étoit la longueur de notre base. Ce qui nous restoit à faire, n'étoit pas une opération difficile en elle-même, ce n'étoit que de mesurer à la perche, la distance entre deux signaux qu'on avoit plantés l'été passé; mais cette mesure devoit se faire sur la glace d'un fleuve de Lapponie, dans un pays où chaque jour rendoit le froid plus insupportable; & la distance à mesurer étoit de plus de 3 lieuës.

On nous conseilloit de remettre la mesure de cette base au printemps; parce qu'alors, outre la longueur des jours, les premiéres fontes qui arrivent à la superficie de la neige, qui font bien-tôt suivies d'une nouvelle gelée, y forment une espece de croûte capable de porter les hommes; au
lieu

lieu que pendant tout le fort de l'hiver, la neige de ces pays n'eſt qu'une eſpece de pouſſiére fine & ſéche, haute communément de quatre ou cinq pieds, dans laquelle il eſt impoſſible de marcher, quand elle eſt une fois parvenuë à cette hauteur. Malgré ce que nous voyions tous les jours, nous craignions d'être ſurpris par quelque degel. Nous ne ſçavions pas qu'il ſeroit encore temps au mois de Mai, de meſurer la baſe : & tous les avantages que nous pouvions trouver au printemps, diſparurent devant la crainte la moins fondée de manquer notre meſure.

Cependant nous ne ſçavions point ſi la hauteur des neiges permettroit encore de marcher ſur le fleuve à l'endroit de la baſe ; & M.ʳˢ Clairaut, Outhier & Celſius partirent le 10 Décembre pour en aller juger. Ils trouvérent les neiges déja très-hautes ; mais comme cependant elles ne faiſoient pas deſeſpérer de pouvoir meſurer, nous nous rendîmes tous à Öfwer-Torneå.

M. Camus, aidé de M. l'Abbé Outhier employa le 19 & le 20 à ajuſter huit perches de 30 pieds chacune, d'après une toiſe de fer que nous avions apportée de France,

D

& qu'on avoit soin pendant cette opération, de tenir dans un lieu où le Thermometre de M. de Reaumur étoit à 15 degrés au-dessus de zero, & celui de M. Prins à 62 degrés, ce qui est la température des mois d'Avril & Mai à Paris. Nos perches une fois ajustées, le changement que le froid pouvoit apporter à leur longueur, n'étoit pas à craindre ; parce que nous avions observé qu'il s'en falloit beaucoup que le froid & le chaud causassent sur la longueur des mesures de Sapin, des effets aussi sensibles que ceux qu'ils causent sur la longueur des mesures de fer. Toutes les expériences que nous avons faites sur cela, nous ont donné des variations de longueur presque insensibles. Et quelques expériences me feroient croire que les mesures de bois, au lieu de se raccourcir au froid, comme les mesures de métal, s'y allongent. Peut-être un reste de séve qui étoit encore dans ces mesures, se glaçoit-il lorsqu'elles étoient exposées au froid, & les faisoit-il participer à la propriété des liqueurs, dont le volume augmente lorsqu'elles se gelent. M. Camus avoit pris de telles précautions pour ajuster ces perches, que malgré leur extrême longueur, lorſqu'on les préſentoit entre deux bornes de fer, elles y entroient ſi juſte que l'épaiſſeur d'une feuille du papier le plus mince de plus ou de moins, rendoit l'entrée impoſſible, ou trop libre.

Ce fut le vendredi 21 Décembre, jour du Solſtice d'hiver, jour remarquable pour un pareil ouvrage, que nous commençâmes la meſure de notre baſe vers Avaſaxa, où elle ſe trouvoit. A peine le Soleil ſe levoit-il alors vers le midi; mais les longs crépuſcules, la blancheur des neiges, & les feux dont le Ciel eſt toûjours éclairé dans ces pays, nous donnoient chaque jour aſſés de lumiére pour travailler quatre ou cinq heures. Nous partîmes à 11 heures du matin de chés le Curé d'Öfwer-Torneå, où nous logeâmes pendant cet ouvrage; & nous nous rendîmes ſur le fleuve, où nous devions commencer la meſure, avec un tel nombre de traîneaux, & un ſi grand équipage, que les Lappons deſcendirent de leurs montagnes, attirés par la nouveauté du ſpectacle. Nous nous partageâmes en deux bandes, dont chacune portoit quatre des meſures dont nous venons de parler. Je ne dirai rien des fatigues, ni des périls de cette opération;

on imaginera ce que c'est que de marcher dans une neige haute de 2 pieds, chargés de perches pesantes, qu'il falloit continuellement poser sur la neige & relever ; pendant un froid si grand, que la langue & les levres se geloient sur le champ contre la tasse, lorsqu'on vouloit boire de l'Eau-de-vie, qui étoit la seule liqueur qu'on pût tenir assés liquide pour la boire, & ne s'en arrachoient que sanglantes ; pendant un froid qui gela les doigts de quelques-uns de nous, & qui nous menaçoit à tous momens d'accidents plus grands encore. Tandis que les extrémités de nos corps étoient glacées, le travail nous faisoit suer. L'eau-de-vie ne pût suffire à nous désalterer, il fallut creuser dans la glace, des puits profonds, qui étoient presque aussi-tôt refermés, & d'où l'eau pouvoit à peine parvenir liquide à la bouche. Et il falloit s'exposer au dangereux contraste, que pouvoit produire dans nos corps échauffés, cette eau glacée.

Cependant l'ouvrage avançoit ; six journées de travail l'avoient conduit au point, qu'il ne restoit plus à mesurer qu'environ 500 toises, qui n'avoient pû être remplies de piquets assés tôt. On interrompit donc

la mesure le 27, & M.rs Clairaut, Camus
& le Monnier allerent planter ces piquets,
pendant qu'avec M. l'Abbé Outhier, j'em-
ployai ce jour à une entreprise assés extra-
ordinaire.

Une observation de la plus légére consé-
quence, & qu'on auroit pû négliger dans les
pays les plus commodes, avoit été oubliée
l'été passé; on n'avoit point observé la hauteur d'un objet, dont on s'étoit servi en prenant d'Avasaxa, l'angle entre Cuitaperi &
Horrilakero. L'envie que nous avions que
rien ne manquât à notre ouvrage, nous faisoit pousser l'exactitude jusqu'au scrupule.
J'entrepris de monter sur Avasaxa avec un
Quart-de-cercle. Si l'on conçoit ce que
c'est qu'une montagne fort élevée, remplie
de rochers, qu'une quantité prodigieuse de
neiges cache, & dont elle recouvre les
cavités, dans lesquelles on peut être abîmé,
on ne croira guére possible d'y monter. Il
y a cependant deux maniéres de le faire:
l'une en marchant ou plûtôt glissant sur
deux planches étroites, longues de 8 pieds,
dont se servent les Finnois & les Lappons,
pour ne pas enfoncer dans la neige, maniére
d'aller, qui a besoin d'un long exercice;

l'autre en se confiant aux Reenes qui peuvent faire un pareil voyage.

Ces animaux ne peuvent traîner qu'un fort petit bateau, dans lequel à peine peut entrer la moitié du corps d'un homme: ce bateau destiné à naviguer dans la neige, pour trouver moins de résistance contre la neige qu'il doit fendre avec la prouë, & sur laquelle il doit glisser, a la figure des bateaux dont on se sert sur la Mer, c'est-à-dire, a une prouë pointuë, & une quille étroite dessous, qui le laisse rouler, & verser continuellement, si celui qui est dedans, n'est bien attentif à conserver l'équilibre. Le bateau est attaché par une longe au poitrail du Reene, qui court avec fureur lorsque c'est sur un chemin battu & ferme. Si l'on veut arrêter, c'est en vain qu'on tire une espece de bride attachée aux cornes de l'animal; indocile & indomtable, il ne fait le plus souvent que changer de route; quelquefois même il se retourne, & vient se vanger à coups de pied. Les Lappons sçavent alors renverser le bateau sur eux, & s'en servir comme d'un bouclier contre les fureurs du Reene. Pour nous, peu capables de cette ressource, nous eussions été tués avant que d'avoir pû nous mettre à couvert. Toute notre défenfe fut un petit bâton qu'on nous mit à la main, qui eft comme le gouvernail, avec lequel il faut diriger le bateau, & éviter les troncs d'arbres. C'étoit ainfi que m'abandonnant aux Reenes, j'entrepris d'efcalader Avafaxa, accompagné de M. l'Abbé Outhier, de deux Lappons & une Lappone, & de M. Brunnius leur Curé. La premiére partie du voyage fe fit dans un inftant; il y avoit un chemin dur & battu depuis la maifon du Curé jufqu'au pied de la montagne, & nous le parcou- rûmes avec une vîtefle, qui n'eft compa- rable qu'à celle de l'Oifeau qui vole. Quoi- que la montagne, fur laquelle il n'y avoit aucun chemin, retardât les Reenes, ils nous conduifirent jufques fur le fommet; & nous y fimes auffi-tôt l'obfervation, pour laquelle nous y étions venus. Pendant ce temps-là, nos Reenes avoient creufé des trous pro- fonds dans la neige, où ils paiffoient la moufle, dont les rochers de cette montagne font couverts; & nos Lappons avoient al- lumé un grand feu, où nous vînmes bien- tôt nous chauffer avec eux. Le froid étoit fi grand, que la chaleur ne pouvoit s'étendre à la moindre distance ; si la neige se fondoit dans les endroits que touchoit le feu, elle se regeloit tout autour, & formoit un foyer de glace.

Si nous avions eu beaucoup de peine à monter sur Avasaxa, nous craignîmes alors de descendre trop vîte une montagne escarpée, dans des voitures qui, quoique submergées dans la neige, glissent toûjours, traînés par des animaux déja terribles dans la plaine ; & qui, quoiqu'enfonçant jusqu'au ventre dans la neige, cherchoient à s'en délivrer par leur vîtesse. Nous fûmes bientôt au pied d'Avasaxa ; & le moment d'après, tout le grand fleuve fut traversé, & nous à la Maison.

Le lendemain, nous achevâmes la mesure de nôtre base ; & nous ne dûmes pas regretter la peine qu'il y a de faire un pareil ouvrage sur un fleuve glacé, lorsque nous vîmes l'exactitude que la glace nous avoit donnée. La différence qui se trouvoit entre les mesures de nos deux troupes, n'étoit que de quatre pouces sur une distance de 7406 toises 5 pieds ; exactitude qu'on n'oseroit attendre, & qu'on n'oseroit presque dire. Et l'on ne sçauroit la regarder comme un effet du hazard & des compensations qui se seroient faites après des différences plus considérables ; car cette petite diffé‑rence nous vint presque toute le dernier jour. Nos deux troupes avoient mesuré tous les jours le même nombre de toises ; & tous les jours, la différence qui se trouvoit entre les deux mesures, n'étoit pas d'un pouce dont l'une avoit tantôt surpassé l'autre, & tantôt en avoit été surpassée. Cette justesse, quoique dûë à la glace, & au soin que nous prenions en mesurant, faisoit voir encore combien nos perches étoient égales : car la plus petite inégalité entre ces perches, auroit causé une différence considérable sur une distance aussi longue qu'étoit notre base.

Nous connoissions l'amplitude de notre arc ; & toute notre figure déterminée n'at‑tendoit plus que la mesure de l'échelle à laquelle on devoit la rapporter, que la lon‑gueur de la base. Nous vîmes donc aussi-tôt que cette base fut mesurée, que la longueur de l'arc du Méridien intercepté entre les deux Paralleles, qui passent par notre obser‑vatoire de Torneå & celui de Kittis, étoit de $55023\frac{1}{2}$ toises ; que cette longueur ayant pour amplitude 57′. 27″, le degré du Méridien sous le Cercle Polaire étoit plus grand de près de 1000 toises qu'il ne devoit être selon les mesures du Livre *de la Grandeur & Figure de la Terre.*

Après cette opération, nous nous hâtâmes de revenir à Torneå, tâcher de nous garantir des derniéres rigueurs de l'hiver.

La ville de Torneå, lorsque nous y arrivâmes le 30 Décembre, avoit véritablement l'air affreux. Ses maisons basses se trouvoient enfoncées jusqu'au toit dans la neige, qui auroit empêché le jour d'y entrer par les fenêtres, s'il y avoit eu du jour: mais les neiges toûjours tombantes, ou prêtes à tomber, ne permettoient presque jamais au Soleil de se faire voir pendant quelques moments dans l'horison vers midi. Le froid fut si grand dans le mois de Janvier, que nos Thermometres de mercure, de la construction de M. de Reaumur, ces Thermometres qu'on fut surpris de voir descendre à 14 degrés au-dessous de la congélation à Paris dans les plus grands froids du grand hiver de 1709, descendirent alors à 37 degrés: ceux d'esprit de Vin gelérent. Lorsqu'on ouvroit la porte d'une chambre chaude, l'air de dehors

convertiſſoit ſur le champ en neige, la va-
peur qui s'y trouvoit, & en formoit de
gros tourbillons blancs : lorſqu'on ſortoit,
l'air ſembloit déchirer la poitrine. Nous
étions avertis & menacés à tous moments
des augmentations de froid, par le bruit
avec lequel les bois dont toutes les maiſons
ſont bâties, ſe fendoient. A voir la ſolitude
qui regnoit dans les ruës, on eût cru que
tous les habitants de la ville étoient morts.
Enfin on voyoit à Torneå, des gens mutilés
par le froid : & les habitants d'un climat
ſi dur, y perdent quelquefois le bras ou
la jambe. Le froid, toûjours très-grand dans
ces pays, reçoit ſouvent tout-à-coup des
augmentations qui le rendent preſque in-
failliblement funeſte à ceux qui s'y trouvent expoſés. Quelquefois il s'éleve tout-
à-coup des tempêtes de neige, qui expoſent
encore à un plus grand péril : il ſemble que
le vent ſouffle de tous les côtés à la fois;
& il lance la neige avec une telle impétuo-
ſité, qu'en un moment tous les chemins
ſont perdus. Celui qui eſt pris d'un tel orage
à la campagne, voudroit en vain ſe retrouver par la connoiſſance des lieux, ou des
marques faites aux arbres; il eſt aveuglé

par la neige, & s'y abîme s'il fait un pas.

Si la terre eft horrible alors dans ces climats, le ciel préfente aux yeux les plus charmants fpectacles. Dès que les nuits commencent à être obfcures, des feux de mille couleurs & de mille figures, éclairent le ciel; & femblent vouloir dédommager cette terre, accoûtumée à être éclairée continuellement, de l'abfence du Soleil qui la quitte. Ces feux dans ces pays, n'ont point de fituation conftante, comme dans nos pays méridionaux. Quoiqu'on voye fouvent un arc d'une lumiére fixe vers le Nord, ils femblent cependant le plus fouvent occuper indifféremment tout le ciel. Ils commencent quelquefois par former une grande écharpe d'une lumiére claire & mobile, qui a fes extrémités dans l'horifon, & qui parcourt rapidement les cieux, par un mouvement femblable à celui du filet des pêcheurs, confervant dans ce mouvement affés fenfiblement la direction perpendiculaire au Méridien. Le plus fouvent après ces préludes, toutes ces lumiéres viennent fe réunir vers le Zénith, où elles forment le fommet d'une efpece de couronne. Souvent des arcs, femblables à ceux que nous voyons en France vers

le Nord, se trouvent situés vers le Midi;
souvent il s'en trouve vers le Nord & vers
le Midi tout ensemble : leurs sommets
s'approchent , pendant que leurs extrémités s'éloignent en descendant vers l'horison. J'en ai vû d'ainsi opposés, dont les
sommets se touchoient presque au Zénith;
les uns & les autres ont souvent au-delà
plusieurs autres arcs concentriques. Ils ont
tous leurs sommets vers la direction du
Méridien, avec cependant quelque déclinaison occidentale, qui ne m'a pas paru toûjours la même, & qui est quelquefois insensible. Quelques-uns de ces arcs, après avoir
eu leur plus grande largeur au-dessus de
l'horison, se resserrent en s'en approchant,
& forment au-dessus plus de la moitié d'une
grande Ellipse. On ne finiroit pas, si l'on
vouloit dire toutes les figures que prennent
ces lumiéres, ni tous les mouvements qui
les agitent. Leur mouvement le plus ordinaire, les fait ressembler à des drapeaux
qu'on feroit voltiger dans l'air ; & par les
nuances des couleurs dont elles sont teintes,
on les prendroit pour de vastes bandes de
ces taffetas, que nous appellons *flambés.*
Quelquefois elles tapissent quelques en-

droits du ciel, d'écarlate. Je vis un jour
à Öfwer-Torneå (c'étoit le 18 Décembre)
un spectacle de cette espece, qui attira mon
admiration, malgré tous ceux auxquels
j'étois accoûtumé. On voyoit vers le Midi,
une grande région du ciel teinte d'un rouge
si vif, qu'il sembloit que toute la Constel-
lation d'Orion fût trempée dans du sang :
cette lumiére, fixe d'abord, devint bien-
tôt mobile, & après avoir pris d'autres
couleurs, de violet & de bleu, elle forma
un dôme dont le sommet étoit peu éloigné
du Zénith vers le Sud-Ouest ; le plus beau
clair de Lune n'effaçoit rien de ce spectacle.
Je n'ai vû que deux de ces lumiéres rouges
qui sont rares dans ce pays, où il y en a
de tant de couleurs ; & on les y craint
comme le signe de quelque grand malheur.
Enfin lorsqu'on voit ces phénomenes, on
ne peut s'étonner que ceux qui les regar-
dent avec d'autres yeux que les Philosophes,
y voyent des chars enflammés, des armées
combattantes, & mille autres prodiges.

Nous demeurâmes à Torneå, renfermés
dans nos chambres, dans une espece d'in-
action, jusqu'au mois de Mars, que nous
fîmes de nouvelles entreprises.

La longueur de l'arc que nous avions mesuré, qui différoit tant de ce que nous devions trouver, suivant les mesures du Livre de la grandeur & figure de la Terre, nous étonnoit; & malgré l'incontestabilité de notre opération, nous résolûmes de faire les vérifications les plus rigoureuses de tout notre ouvrage.

Quant à nos Triangles, tous leurs angles avoient été observés tant de fois, & par un si grand nombre de personnes qui s'accordoient, qu'il ne pouvoit y avoir aucun doute sur cette partie de notre ouvrage. Elle avoit même un avantage qu'aucun autre ouvrage de cette espece n'avoit encore eu : dans ceux qu'on a faits jusqu'ici, on s'est contenté quelquefois d'observer deux angles, & de conclurre le troisiéme. Quoique cette pratique nous eût été bien commode, & qu'elle nous eût épargné plusieurs séjours désagréables sur le sommet des montagnes, nous ne nous étions dispensés d'aucun de ces séjours, & tous nos angles avoient été observés.

De plus, quoique pour déterminer la distance entre Torneå & Kittis, il n'y eût que 8 Triangles necessaires; nous avions observé plusieurs angles surnuméraires : & notre Heptagone donnoit par-là des combinaisons ou suites de Triangles sans nombre.

Notre ouvrage, quant à cette partie, avoit donc été fait, pour ainsi dire, un très-grand nombre de fois ; & il n'étoit question que de comparer par le calcul, les longueurs que donnoient toutes ces différentes suites de Triangles. Nous poussâmes la patience jusqu'à calculer 1 2 de ces suites : & malgré des Triangles rejettables dans de pareilles opérations, par la petitesse de leurs angles, que quelques-unes contenoient, nous ne trouvions pas de différence plus grande que de 54 toises entre toutes les distances de Kittis à Torneå, déterminées par toutes ces combinaisons : & nous nous arrêtâmes à deux, que nous avons jugé préférables aux autres, qui différoient entr'elles de $4\frac{1}{2}$ toises, & dont nous avons pris le milieu pour déterminer la longueur de notre arc.

Le peu de différence qui se trouvoit entre toutes ces distances, nous auroit étonnés, si nous n'eussions sçû quels soins, & combien de temps nous avions employés dans l'observation de nos angles. Huit ou neuf
Triangles

Triangles nous avoient coûté 63 jours;
& chacun des angles avoit été pris tant de
fois, & par tant d'obſervateurs différents,
que le milieu de toutes ces obſervations
ne pouvoit manquer d'approcher fort près
de la vérité.

Le petit nombre de nos Triangles nous
mettoit à portée de faire un calcul ſingulier,
& qui peut donner les limites les plus ri-
goureuſes de toutes les erreurs que la plus
grande mal-adreſſe, & le plus grand malheur joints enſemble, pourroient accumuler.
Nous avons ſuppoſé que dans tous les
Triangles depuis la baſe, on ſe fût toûjours
trompé de 20″ dans chacun des deux angles,
& de 40″ dans le troiſiéme; & que toutes
ces erreurs allaſſent toûjours dans le même
ſens, & tendiſſent toûjours à diminuer la
longueur de notre arc. Et le calcul fait
d'après une ſi étrange ſuppoſition, il ne ſe
trouve que 54 $\frac{1}{2}$ toiſes pour l'erreur qu'elle
pourroit cauſer.

L'attention avec laquelle nous avions
meſuré la baſe, ne nous pouvoit laiſſer aucun ſoupçon ſur cette partie. L'accord d'un
grand nombre de perſonnes intelligentes,
qui écrivoient ſéparément le nombre des

E

perches; & la répétition de cette mesure avec 4 pouces seulement de différence, faisoient une sûreté & une précision superfluës.

Nous tournâmes donc le reste de notre examen vers l'amplitude de notre arc. Le peu de différence qui se trouvoit entre nos observations, tant à Kittis qu'à Torneå, ne nous laissoit rien à desirer, quant à la maniére dont on avoit observé.

A voir la solidité & la construction de notre Secteur, & les précautions que nous avions prises en le transportant, il ne paroissoit pas à craindre qu'il lui fût arrivé aucun dérangement.

Le limbe, la lunette & le centre de cet instrument, ne forment qu'une seule piéce; & les fils au foyer de l'objectif, sont deux fils d'argent, que M. Graham a fixés, de maniére qu'il ne peut arriver aucun changement dans leur situation, & que malgré les effets du froid & du chaud, ils demeurent toûjours également tendus. Ainsi les seuls dérangements qui paroîtroient à craindre pour cet instrument, sont ceux qui altéreroient sa figure en courbant la lunette. Mais si l'on fait le calcul des effets de telles altérations, on verra que pour qu'elles causaffent une erreur d'une feconde dans l'amplitude de notre arc, il faudroit une fléxion fi confidérable qu'elle feroit facile à appercevoir. Cet inftrument, dans une boîte fort folide, avoit fait le voyage de Kittis à Torneå en bateau, toûjours accompagné de quelqu'un de nous, & defcendu dans les cataractes, & porté par des hommes.

La fituation de l'Etoile que nous avions obfervée, nous affûroit encore contre la fléxion qu'on pourroit craindre qui arrivât au rayon ou à la lunette de ces grands inftruments, lorfque l'Etoile qu'on obferve eft éloignée du Zénith, & qu'on les incline pour les diriger à cette Etoile. Leur feul poids les pourroit faire plier; & la méthode d'obferver l'Etoile des deux différents côtés de l'inftrument, qui peut remedier à quelques autres accidents, ne pourroit remédier à celui-ci : car s'il eft arrivé quelque fléxion à la Lunette, lorfqu'on obfervoit, la face de l'inftrument tournée vers l'Eft; lorfqu'on retournera la face vers l'Oueft, il fe fera une nouvelle fléxion en fens contraire, & à peuprès égale; de maniére que le point qui répondoit au Zénith, lorſque la face de l'inſtrument étoit tournée vers l'Eſt, y répondra peut-être encore lorſqu'elle ſera tournée vers l'Oueſt ; ſans que pour cela l'arc qui meſurera la diſtance au Zénith, ſoit juſte. La diſtance de notre Etoile au zénith de Kittis, n'étoit pas d'un demi-degré ; ainſi il n'étoit point à craindre que notre Lunette approchant ſi fort de la ſituation verticale, eût ſouffert aucune fléxion.

Quoique par toutes ces raiſons, nous ne puſlions pas douter que notre amplitude ne fût juſte, nous voulûmes nous aſſûrer encore par l'expérience qu'elle l'étoit : & nous employâmes pour cela la vérification la plus pénible, mais celle qui nous pouvoit le plus ſatisfaire, parce qu'elle nous feroit découvrir en même temps & la juſteſſe de notre inſtrument, & la préciſion avec laquelle nous pouvions compter avoir l'amplitude de notre arc.

Cette vérification conſiſtoit à déterminer de nouveau l'amplitude du même arc par une autre Etoile. Nous attendîmes donc l'occaſion de pouvoir faire quelques obſervations conſécutives d'une même Etoile, ce qui eſt difficile dans ces pays, où rarement on a trois ou quatre belles nuits de ſuite : & ayant commencé le 17 Mars 1737 à obſerver l'Etoile *a du Dragon* à Torneâ dans le même lieu qu'auparavant, & ayant eu trois bonnes obſervations de cette Etoile, nous partîmes pour aller faire les obſerva-tions correſpondantes ſur Kittis. Cette fois notre Secteur fut tranſporté dans un traîneau qui n'alloit qu'au pas ſur la neige, voiture la plus douce de toutes celles qu'on peut imaginer. Notre nouvelle Etoile paſſoit encore plus près du Zénith que l'autre, puiſqu'elle n'étoit pas éloignée d'un quart de degré du zénith de Torneâ. *Mars 1737.*

La Méridienne tracée dans notre obſer-vatoire ſur Kittis, nous mit en état de placer promptement notre Secteur ; & le 4 Avril, nous y commençâmes les ob-ſervations de *a.* Nous eûmes encore ſur Kittis trois obſervations qui, comparées à celles de Torneâ, nous donnérent l'ampli-tude de 57′ 30″ $\frac{1}{2}$, qui ne différe de celle qu'on avoit trouvée par δ, que de 3″ $\frac{1}{2}$, en faiſant la correction pour l'Aberration de la lumiére. *Avril.*

Et ſi l'on n'admettoit pas la théorie de l'Aberration de la lumiére, cette amplitude

E iij

par la nouvelle Etoile ne différeroit pas d'une seconde de celle qu'on avoit trouvée par l'Etoile 𝓭.

La précision avec laquelle ces deux amplitudes s'accordoient, à une différence près si petite, qu'elle ne va pas à celle que les erreurs dans l'observation peuvent causer; différence qu'on verra encore dans la suite, qui étoit plus petite qu'elle ne paroissoit. Cet accord de nos deux amplitudes étoit la preuve la plus forte de la justesse de notre instrument, & de la sûreté de nos observations.

Ayant ainsi répété deux fois notre opération, on trouve par un milieu entre l'amplitude concluë par 𝓭, & l'amplitude par *a*, que l'amplitude de l'arc du Méridien que nous avons mesuré entre Torneå & Kittis, est de 57′ 28″¾, qui, comparée à la longueur de cet arc de 55023 ½ toises, donne le degré qui coupe le Cercle Polaire de 57437 toises, plus grand de 377 toises que celui que M. Picard a déterminé entre Paris & Amiens, qu'il fait de 57060 toises.

Mais il faut remarquer que comme l'Aberration des Etoiles n'étoit pas connuë du temps de M. Picard, il n'avoit fait aucune correction pour cette Aberration. Si l'on fait cette correction, & qu'on y joigne les corrections pour la Précession des Equinoxes & la Réfraction, que M. Picard avoit négligées, l'amplitude de son arc est 1° 23′ 6″½, qui, comparée à la longueur, 78850 toises, donne le degré de 56925 toises, plus court que le nôtre de 512 toises.

Et si l'on n'admettoit pas l'Aberration, l'amplitude de notre arc seroit de 57′ 25″, qui, comparée à sa longueur, donneroit le degré de 57497 toises, plus grand de 437 toises que le degré que M. Picard avoit déterminé de 57060 toises sans Aberration.

Enfin, notre degré avec l'Aberration différe de 950 toises de ce qu'il devoit être, suivant les mesures que M. Cassini a établies dans son Livre de la Grandeur & Figure de la Terre ; & en différe de 1000 en n'admettant pas l'Aberration.

D'où l'on voit que *la Terre est considérablement applatie vers les Poles.*

Pendant notre séjour dans la Zone glacée, les froids étoient encore si grands, que le 7 Avril à 5 heures du matin, le Thermometre descendoit à 20 degrés au-deſſous de la congélation; quoique tous les jours après midi, il montât à 2 & 3 degrés au-deſſus. Il parcouroit alors du matin au ſoir, un intervalle preſque auſſi grand qu'il fait communément depuis les plus grandes chaleurs juſqu'aux plus grands froids qu'on reſſente à Paris. En 12 heures, on éprouvoit autant de viciſſitudes, que les habitants des Zones tempérées en éprouvent dans une année entiére.

Nous pouſſâmes le ſcrupule juſques ſur la direction de notre Heptagone avec la Méridienne. Cette direction, comme on a vû, avoit été déterminée ſur Kittis par un grand nombre d'obſervations du paſſage du Soleil par les Verticaux de Niemi & de Pullingi; & il n'étoit pas à craindre que notre figure ſe fût dérangée de ſa direction, par le petit nombre de Triangles en quoi elle conſiſte, & après la juſteſſe avec laquelle la ſomme des angles de notre Heptagone approchoit de 900 degrés. Cependant nous voulûmes reprendre à Torneå cette direction.

On ſe ſervit pour cela d'une autre mé-thode que celle qui avoit été pratiquée ſur Kittis; celle-ci conſiſtoit à obſerver l'angle

entre le Soleil dans l'horison, & quelques-
uns de nos signaux, avec l'heure à laquelle
on prenoit cet angle. Les trois observations
qu'on fit, nous donnérent par un milieu
cette direction , à 34″ près de ce qu'elle
étoit, en la concluant des observations de
Kittis.

Chaque partie de notre ouvrage ayant
été tant répétée, il ne restoit plus qu'à
examiner la construction primitive & la
division de notre Secteur. Quoiqu'on ne
pût guére la soupçonner, nous entreprîmes
d'en faire la vérification, en attendant que
la saison nous permît de partir; & cette
opération mérite que je la décrive ici, parce
qu'elle est singuliére, & qu'elle peut servir
à faire voir ce qu'on peut attendre d'un
instrument tel que le nôtre, & à découvrir
ses dérangements, s'il lui en étoit arrivé.

Nous mesurâmes le 4 Mai (toûjours
sur la glace du fleuve) une distance de
380 toises 1 pied 3 pouces 0 ligne, qui devoit
servir de rayon; & l'on ne trouva, par deux
fois qu'on la mesura, aucune différence. On
planta deux fermes poteaux avec deux mires
dans la ligne tirée perpendiculairement à
l'extrémité de cette distance ; & ayant

mesuré la distance entre les centres des deux mires, cette distance étoit de $3\,6^{\text{toises}}$ $3^{\text{pieds}}\,6^{\text{pouces}}\,6\frac{2}{3}^{\text{lignes}}$, qui devoit servir de tangente.

On plaça le Secteur horisontalement dans une chambre, sur deux fermes affuts appuyés sur une voute, de maniére que son centre se trouvoit précisément à l'extrémité du rayon, de $380^{\text{toises}}\,1^{\text{pied}}\,3^{\text{pouces}}$: & cinq observateurs différents ayant observé l'angle entre les deux mires, la plus grande différence qui se trouvoit entre les cinq observations, n'alloit pas à 2 secondes; & prenant le milieu, l'angle entre les mires étoit de $5°\,29'\,52'',7$. Or, selon la construction de M. Graham, dont il nous avoit averti, l'arc de $5°\frac{1}{2}$ sur son limbe, est trop petit de $3''\frac{3}{4}$; retranchant donc de l'angle observé entre les mires, $3''\frac{3}{4}$, cet angle est de $5°\,29'\,48'',95$: & ayant calculé cet angle, on le trouve de $5°\,29'\,50''$; c'est-à-dire, qu'il différe de $1''\frac{1}{20}$ de l'angle observé.

On s'étonnera peut-être qu'un Secteur, qui étoit de $5°\,29'\,56''\frac{1}{4}$ dans un climat aussi tempéré que celui de Londres, & divisé dans une chambre, qui vrai-semblablement n'étoit pas froide, se soit encore trouvé précisément de la même quantité à Torneå, lorsque nous en avons fait la vérification. Les parties de ce Secteur étoient sûrement contractées par le froid, dans ce dernier temps. Mais on cessera d'être surpris, si l'on fait attention que cet instrument est tout formé de la même matiére, & que toutes ses parties doivent s'être contractées proportionnellement : on verra qu'il avoit dû se conserver dans une figure semblable; & il s'y étoit conservé.

Ayant trouvé une exactitude si merveilleuse dans l'arc total de notre Secteur, nous voulûmes voir si les deux degrés de son limbe, dont nous nous étions servis, l'un pour δ, l'autre pour a, étoient parfaitement égaux. M. Camus, dont l'adresse nous avoit déja été si utile en plusieurs occasions, nous procura les moyens de faire cette comparaison avec toute l'exactitude possible; & ayant comparé nos deux degrés l'un avec l'autre, le milieu des observations faites par cinq observateurs, donnoit le degré du limbe dont on s'étoit servi pour δ, plus grand que celui pour a, d'une seconde.

Nous fûmes surpris, lorsque nous vîmes

que cette inégalité entre ces deux degrés, diminuoit encore la différence très-petite que nous avions trouvée entre nos deux amplitudes ; & la réduisoit de $3''\frac{1}{2}$ qu'elle étoit, à $2''\frac{1}{2}$. Et l'on verra dans le détail des opérations, qu'on peut affés compter sur cette différence entre les deux degrés du limbe, toute petite qu'elle est, par les moyens qu'on a pratiqués pour la découvrir.

Nous vérifiâmes ainsi, non-feulement l'amplitude totale de notre Secteur ; mais encore différents arcs, que nous comparâmes entr'eux : & cette vérification d'arc en arc, jointe à la vérification de l'arc total, que nous avions faite, nous fit connoître que nous ne pouvions rien désirer dans la construction de cet instrument ; & qu'on n'auroit pas pu y espérer une si grande précision.

Nous ne sçavions plus qu'imaginer à faire sur la mesure du degré du Méridien ; car je ne parlerai point ici de tout ce que nous avons fait sur la Pesanteur ; matiére aussi importante que celle-ci, & que nous avons traitée avec les mêmes soins. Il suffira maintenant de dire, que si, à l'exemple de Mrs Newton & Huygens, & quelques autres, parmi lesquels je n'ose presque me

nommer, on veut déterminer la Figure de
la Terre par la Pefanteur; toutes les expériences que nous avons faites dans la Zone
glacée, donneront la Terre applatie, comme
la donnent celles que nous apprenons que
M.rs Godin, Bouguer & la Condamine ont
déja faites dans la Zone torride.

Le Soleil cependant s'étoit rapproché
de nous, ou plûtôt ne quittoit prefque plus
notre horifon : c'étoit un fpectacle fingulier
que de le voir fi long-temps éclairer un
horifon tout de glace, de voir l'été dans
les cieux, pendant que l'hiver étoit fur la
terre. Nous étions alors au matin de ce
long jour, qui dure plufieurs mois; cependant il ne paroiffoit pas que ce Soleil affidu
caufât aucun changement à nos glaces, ni
à nos neiges.

Le 6 Mai, il commença à pleuvoir, &
l'on vit quelque eau fur la glace du fleuve.
Tous les jours à midi, il fondoit de la neige,
& tous les foirs l'hiver reprenoit fes droits.
Enfin le 10 Mai, on apperçût la terre,
qu'il y avoit fi long-temps qu'on n'avoit
vûë : quelques pointes élevées, & expofées
au Soleil, commencérent à paroître, comme
on vit après le déluge, le fommet des

montagnes ; & bien - tôt après tous les Oiseaux du pays reparurent. Vers le commencement de Juin, les glaces rendirent la terre & la mer. Nous pensâmes aussi - tôt à retourner à Stockholm : nous partîmes le 9 Juin, les uns par terre, les autres par mer. Mais le reste de nos avantures, ni notre naufrage dans le golfe de Bottnie, ne sont point de notre sujet.

Juin.

OBSERVATIONS
FAITES AU
CERCLE POLAIRE.
LIVRE PREMIER.

PREMIÈRE PARTIE.
Opérations pour la Mesure du Degré du Méridien.

CHAPITRE PREMIER.
Observations pour former les Triangles, & déterminer leur position par rapport à la Méridienne.

I.
Angles observés.

TOUS les angles suivants ont été observés avec un Quart-de-cercle de deux
pieds de rayon, armé d'un Micrometre; &
cet instrument vérifié plusieurs fois autour

de l'horifon, donnoit toûjours la fomme des angles fort près de 360°.

Les dixiémes de fecondes, qu'on trouvera ici, viennent de ce que dans la réduction des parties du Micrometre en fecondes, on a voulu faire le calcul à la rigueur, & non pas d'une exactitude imaginaire, à laquelle on croiroit être parvenu.

Voici ces angles tels qu'ils ont été obfervés, avec les hauteurs apparentes des objets obfervés, où le figne $+$ marque des élevations, & le figne $-$ des abbaiffements au-deffous de l'horifon.

Angles obfervés.	Angles réduits à l'Horifon.	Hauteurs.
Dans la Flèche de l'Eglife de Torneå.		
Fig. 1. CTK... 24° 23′ 0,″2	24° 22′ 58,″8	C.... 0′ 0″
Et par la réduction, pour ce que le centre de l'inftrument étoit à 5 pieds du centre de la flêche, dans la direction de Cuitaperi,		
CTK..........	24 22 54,5	
KTn... 19 38 20,9	19 38 20,1	n... $+$ 3 0
Et par la réduction pour le lieu du centre, l'inftrument placé dans le même endroit.		
KTn..........	19 38 17,8	K... $+$ 8 40
		l'Horifon de la Mer
		$-$ 11 0

Angles

Angles obſervés.	Angles réduits à l'Horiſon.	Hauteurs.

Sur Niwa.

Angles obſervés.	Angles réduits à l'Horiſon.	Hauteurs.
TnK... 87° 44′ 24,″8.	87° 44′ 19,″4	T... — 17′ 40″
HnK... 73 58 6,5	73 58 5,7	K... + 16 50
AnK.. 95 29 52,8	95 29 54,4	A... + 4 40
AnH=AnK—HnK	21 31 48,7	H... — 0 30
AnH=21 32 16,9	21 32 16,3	
AnH eſt donc	21 32 2,5	
CnH... 31 57 5,2	31 57 3,6	C... + 10 0

Fig. 16

Sur Kakama.

Angles obſervés.	Angles réduits à l'Horiſon.	Hauteurs.
TKn... 72 37 20,8	72 37 27,8	n... — 22 50
CKn... 45 50 46,2	45 50 44,2	C... — 4 45
HKn... 89 36 0,4	89 36 2,4	H... — 5 10
HKC=nKH—CKn	43 45 18,2	
HKC... 43 45 46,8	43 45 47,0	
HKC... 43 45 41,5	43 45 41,7	
HKC eſt donc	43 45 35,6	
CKT=CKn+nKT	118 28 12,0	T... — 24 10
HKN... 9 41 48,1	9 41 47,7	N... — 8 10

Sur Cuitaperi.

Angles obſervés.	Angles réduits à l'Horiſon.	Hauteurs.
		K... — 6 10
KCn... 28 14 56,9	28 14 54,7	n... — 19 0
TCK... 37 9 15,0	37 9 12,0	T... — 24 10
HCK...100 9 56,4	100 9 56,8	H... — 2 40
ACH... 30 56 54,4	30 56 53,4	A... + 5 0

F

Angles obfervés.	Angles réduits à l'Horifon.	Hauteurs.

Sur Avafaxa.

Angles obfervés.	Angles réduits à l'Horifon.	Hauteurs.
HAP... 53° 45′ 58,″1	53° 45′ 56,″7	P... + 4′ 50″
HA𝑥... 24 19 34,8	24 19 35,0	H... — 8 0
𝑥 A𝑛... 77 47 46,7	77 47 49,5	𝑥 ... —10 40
𝑥 AC... 88 2 11,0	88 2 13,6	C... —14 15
HA𝑛=HA𝑥+𝑥A𝑛	102 7 24,5	𝑛... —20 20
HAC=CA𝑥+𝑥AH	112 21 48,6	
CA𝑛... 10 13 54,2	10 13 52,8	

Sur Pullingi.

Angles obfervés.	Angles réduits à l'Horifon.	Hauteurs.
		H... —22 0
APH... 31 19 53,7	31 19 55,5	A... —18 10
QPN... 87 52 9,7	87 52 24,3	Q... —32 40
NPH... 37 21 58,9	37 22 2,1	N... —26 50

Sur Kittis.

Angles obfervés.	Angles réduits à l'Horifon.	Hauteurs.
NQP... 40 14 57,3	40 14 52,7	P... + 22 30
		N... + 1 0

Sur Niemi.

Angles obfervés.	Angles réduits à l'Horifon.	Hauteurs.
		P... + 18 30
PNQ... 51 53 13,7	51 53 4,3	Q... — 14 0
PNH... 93 25 8,1	93 25 7,5	H... — 2 40
HNK... 27 11 55,3	27 11 53,3	K... — 14 0

Sur Horrilakero.

Angles obfervés.	Angles réduits à l'Horifon.	Hauteurs.
CH𝑛... 19 38 21,8	19 38 21,0	𝑛... — 18 15
CHA... 36 42 4,3	36 42 3,1	A... 0 0
AHP... 94 53 49,7	94 53 49,7	P... + 11 50
PHN... 49 13 11,9	49 13 9,3	N... — 5 •
KH𝑛... 16 26 6,7	16 26 6,3	K... —12 30
CHK... 36 4 54,1	36 4 54,7	C... —10 40

Angles pour lier la base Bb avec les sommets d'Avàsaxa & de Cuitaperi.

Angles observés.	Angles réduits au même plan.	Hauteurs des objets vûs du point B.
ABb.. 9° 21′ 58,″0	Réduisant *A Bɣ*,	
AbB..77 31 48,1	*ɣBC*, & *A Bꝛ ꝛBC*	
BAb..93 6 7,2	au même plan *ABC*, & prenant un milieu entre les deux valeurs de *A B C*, qu'on a	A.+0° 40′ 30″
ABɣ..61 30 5,4	par-là.	ɣ..+1 23 30
ɣBC..41 12 3,4		C.+1 4 5
ABꝛ..46 7 57,5	ABC..102°42′13,″5	ꝛ.+1 11 0
ꝛBC..56 34 32,2		
ACB..54 40 28,8		
BAC..22 37 20,6		

Les lettres *x,y, z* désignent des objets intermédiaires qui ont servi à prendre en deux fois l'angle *A B C*, qui étoit plus grand que l'amplitude du Quart-de-cercle.

I I.

Observations faites sur Kittis, pour déterminer la ligne Méridienne.

L'instrument avec lequel on a fait ces observations, consistoit en une Lunette de 15 pouces, mobile autour d'un axe hori-sontal, auquel elle est perpendiculaire. Cet instrument étoit placé au centre du signal qu'on avoit bâti fur Kittis, où la hauteur du Pole eft de 66° 48′ 20″, & qu'on a fuppofé dans ce calcul, plus oriental que Paris de 1ʰ 23′.

Il y avoit au même lieu, une Pendule qu'on regloit tous les jours par des hauteurs correfpondantes du Soleil, & c'eft l'heure du paffage du centre du Soleil déterminé par les paffages des deux bords, que nous donnons ici en temps vrai.

Paffages du centre du Soleil par le Vertical du fignal de Pullingi.

1736. Soir.	
Le 30 Sept. à 1ʰ 49′ 49″	Déclin. mérid. du ☉..3° 0′ 40″
Le 1 Oct. à 1 50 7½	Déclin. mérid. du ☉..3 24 1
Le 2 Oct. à 1 50 26	Déclin. mérid. du ☉..3 47 19
Le 7 Oct. à 1 51 54½	Déclin. mérid. du ☉..5 42 56
Le 8 Oct. à 1 52 14½	Déclin. mérid. du ☉..6 6 10

Paffages du centre du Soleil par le Vertical du fignal de Niemi.

1736. Matin.	
Le 4 Oct. à 11ʰ 16′ 37″	Déclin. mérid. du ☉..4° 31′ 22″
Le 7 Oct. à 11 16 15½	Déclin. mérid. du ☉..5 40 26
Le 8 Oct. à 11 16 12	Déclin. mérid. du ☉..6 3 39

CHAPITRE II.

Angles formés par la Méridienne & par les lignes tirées de Kittis à Pullingi & à Niemi.

LA méthode dont on s'est servi pour trouver par ces observations, les angles que forment avec la Méridienne, les lignes tirées de Kittis à Pullingi & à Niemi, consiste à résoudre les Triangles sphériques PZS, PZs, où l'on connoît le côté PZ de $23°$ $11'$ $40''$ distance du Zénith de Kittis au Pole ; PS ou Ps le complément de la déclinaison du Soleil pour le temps de l'observation ; & l'angle ZPS ou ZPs donné par le temps du passage du Soleil par le vertical Zp ou ZN de Pullingi ou de Niemi ; d'où l'on trouve les angles HZp & HZN, ou HQp & HQN, que forment avec la Méridienne, les lignes tirées de Kittis à Pullingi & à Niemi.

Fig. 3.

* F iij

Voici comme on a trouvé ces angles par chaque observation.

Déclin. occid. de Pullingi.	Déclin. orient. de Niemi.
30 Septembre. 28° 51′ 54″	
1 Octobre.... 28 51 56	
2 Octobre.... 28 52 5	
4 Octobre. . . . . 11° 23′ 30″	
7 Octobre ... 28 51 43	11 23 23
8 Octobre.... 28 52 6	11 22 31

Fig. 3.   Et comme on a l'angle *NQP (p. 82.)* de 40° 14′ 52″,7, les déclinaisons précédentes de Niemi se peuvent changer dans les déclinaisons suivantes de Pullingi.

$$28° \ 51′ \ 23″$$
$$28 \ 51 \ 30$$
$$28 \ 52 \ 22$$

Prenant un milieu entre toutes ces déclinaisons, on a pour la déclinaison de Pullingi,

Fig. 2.   ou l'angle *PQM.* 28° 51′ 52″.

CHAPITRE III.

Mesure de la base, & calcul des Triangles des deux suites principales.

I.

Mesure de la Base.

Fig. 1.   *Bb* est la base; elle a été mesurée deux fois par deux troupes différentes, dont

chacune avoit quatre perches, longues chacune de 30 pieds.

	Toif.	Pieds.	Pouce;
La 1.re mefure étoit de	7406	5	0
La 2.de de	7406	5	4
Donc par un milieu, la			
bafe étoit de	7406	5	2

I I.

*Calcul des deux Triangles par lefquels com-
mencent toutes les fuites.*

A B b.

	Angles obfervés.				Angles corrigés pour le calcul.		
A B b...	9°	21'	58,"0	. . . .	9°	22'	0"
A b B...	77	31	48,1	. . . .	77	31	50
B A b...	93	6	7,2	. . . .	93	6	10
	179	59	53,3	. . . .	180	0	0

Fig. 1.

A B C.

A B C...	102	42	13,5	. . . .	102	42	12
B A C...	22	37	20,6	. . . .	22	37	20
A C B...	54	40	28,8	. . . .	54	40	28
	180	0	2,9		180	0	0

En calculant ces deux Triangles d'après
la bafe *B b* de 7406^toifes 5^pieds 2^pouces,
on trouve la diftance *A C*, entre Avafaxa
& Cuitaperi de 8659,94^toifes.

Et comme ces deux Triangles font d'une
grande juftefle, & que leur difpofition eft
très-favorable pour conclurre exactement
cette diftance, on peut regarder *A C* comme
la bafe.

F iiij

I I I.

Calcul des Triangles de la premiére suite.

A C H.

Fig. 2.

Angles observés, réduits à l'horison.				*Angles corrigés pour le calcul.*		
CAH...	112°	21'	32,"9	112°	21'	17"
ACH...	30	56	53,4	30	56	47
AHC...	36	42	3,1	36	41	56
	180	0	29,4	180	0	0

C H K.

CHK...	36	4	54,7	36	4	46
CKH...	43	45	35,6	43	45	26
KCH...	100	9	56,8	100	9	48
	180	0	27,1	180	0	0

C K T.

KCT...	37	9	12,0	37	9	7
CKT...	118	28	12,0	118	28	3
CTK...	24	22	54,3	24	22	50
	180	0	18,3	180	0	0

A H P.

AHP...	94	53	49,7	94	53	56
HAP...	53	45	56,7	53	46	3
APH...	31	19	55,5	31	20	1
	179	59	41,9	180	0	0

H N P.

HNP...	93	25	7,5	93	25	1
NHP...	49	13	9,3	49	13	3
HPN...	37	22	2,1	37	21	56
	180	0	18,9	180	0	0

N P Q.

NPQ...	87	52	24,3	87	52	17
NQP...	40	14	52,7	40	14	46
PNQ...	51	53	4,3	51	52	57
	180	0	21,3	180	0	0

Prenant $AC =$ 8659,94^{toiſes}, tel qu'on l'a trouvé *(page 87.)* par les deux Triangles ABb, ABC; on trouve par la réſolution des Triangles précédents,

toiſes.

$AP =$ 14277,43
$PQ =$ 10676,9
$CT =$ 24302,64

Ces lignes forment avec la Méridienne, les angles ſuivants,

$PQD =$ 61° 8′ 8″
$APE =$ 84 33 54
$ACF =$ 81 33 26
$CTG =$ 69 49 8

Et la réſolution des Triangles rectangles DQP, APE, ACF, CTG, donne pour les parties de la Méridienne,

toiſes.

$PD =$ 9350,45
$AE =$ 14213,24
$AF =$ 8566,08
$CG =$ 22810,62
──────────
$QM =$ 54940,39

pour l'arc du Méridien qui paſſe par Kittis, & qui eſt terminée par la perpendiculaire tirée de Torneå.

I V.

Calcul des Triangles de la seconde suite.

ACH.

	Angles observés, réduits à l'horison.			Angles corrigez pour le calcul.		
Fig. 2.	ACH...	30°	56′	53,″4	..... 30° 56′ 47″
	CAH...	112	21	32,9	..... 112 21 17
	AHC...	36	42	3,1	..... 36 41 56
		180	0	29,4	180 0 0

CHK.

CHK...	36	4	54,7	..... 36 4 46
CKH...	43	45	35,6	..... 43 45 26
KCH...	100	9	56,8	..... 100 9 48
	180	0	27,1	180 0 0

CKT.

CKT...	118	28	12,0	..... 118 28 3
CTK...	24	22	54,3	..... 24 22 50
KCT..	37	9	12,0	..... 37 9 7
	180	0	18,3	180 0 0

HKN.

HKN...	9	41	47,7	..... 9 41 50
HNK...	27	11	53,3	..... 27 11 56
KHN...	143	6	3,2	..... 143 6 14
	179	59	44,2	180 0 0

HNP.

HNP...	93	25	7,5	..... 93 25 1
HPN...	37	22	2,1	..... 37 21 56
NHP...	49	13	9,3	..... 49 13 3
	180	0	18,9	180 0 0

NPQ.

NPQ...	87	52	24,3	..... 87 52 17
NQP...	40	14	52,7	..... 40 14 46
PNQ...	51	53	4,3	..... 51 52 57
	180	0	21,3	180 0 0

Se servant toûjours de

$$AC = 8659,94 \text{ toiſes.}$$

on a par la réſolution des Triangles précédents,

$$QN = 13564,64 \text{ toiſes.}$$
$$NK = 25053,25$$
$$KT = 16695,84$$

Ces lignes forment avec la Méridienne,
les angles ſuivants,

$$NQd = 78° \ 37' \ 6''$$
$$KNL = 86 \quad 7 \ 12$$
$$KTg = 85 \quad 48 \ 7$$

La réſolution des Triangles QNd, KNL,
KTg, donne pour les parties de la Méridienne,

$$Nd = 13297,88 \text{ toiſes.}$$
$$KL = 24995,83$$
$$Kg = 16651,05$$

$$\overline{QM = 54944,76}$$

L'autre ſuite donnoit . . . $QM = 54940,39$

Donc par un milieu . . . . $QM = 54942,57$

CHAPITRE IV.

Détermination de la véritable longueur de l'arc du Méridien, dont on a déterminé l'amplitude.

I.

Fig. 2. LEs lieux de nos obſervatoires qui répondoient au centre du Secteur avec lequel on a obſervé les Etoiles pour déterminer l'amplitude de l'arc meſuré, étoient, celui de Torneå plus méridional que le point *T*, flèche de l'Egliſe, ſommet du premier Triangle, de 73 toiſes 4 pieds 5$\frac{1}{2}$ pouces, qui furent meſurées ſur la glace du fleuve par des perpendiculaires abbaiſſées; & celui de Kittis plus ſeptentrional que le point *Q*, centre de notre ſignal, de 3 toiſes 4 pieds 8 pouces.

Ajoûtant donc ces deux diſtances à la diſtance *QM*, on aura *qm* = 55020,09 toiſ.

II.

Cette ligne *qm* n'eſt pas exactement l'arc du Méridien qui doit être comparé à la différence en latitude.

Car la perpendiculaire *tm* n'eſt point l'arc

du parallele paſſant par *t*; ſuppoſant l'arc *t μ* ce parallele, pour trouver le point *μ*, il faut lui tirer la tangente *t ν*, & diviſer la diſtance *m ν* en deux également.

Pour avoir la valeur de *m ν*, il faut premiérement calculer *mt* qui ne différe pas ici ſenſiblement de *MT*, & qu'on trouvera de 3149,5 toiſes par la réſolution des Triangles précédents : par cette ligne, & par la latitude de Torneå, en ſuppoſant la Terre ſphérique & le degré de 57000 toiſes (ſuppoſition qui ne peut apporter ici aucune erreur ſenſible), on trouvera facilement l'angle que forment entr'elles les tangentes des deux Méridiens qui paſſent par *Q* & par *T*, qui eſt le même que l'angle *m t ν*. Cet angle eſt de 7' 24"; d'où *m ν* doit être de 6,76 toiſes, dont la moitié 3,38 eſt la valeur de *m μ*, qu'il faut ajoûter à la diſtance *q m* pour avoir l'arc du Méridien dont on a obſervé l'amplitude; cet arc *q μ* = 55023,47 ^{toiſes}.

CHAPITRE V.

Obſervations pour déterminer l'amplitude de l'arc du Méridien, terminé par les Paralleles qui paſſent par Kittis & Torneå.

I.

NOus ne ferons point ici, de l'inſtrument dont nous nous ſommes ſervis, une deſcription complette; qui ſeroit d'un trop long détail, & que nous reſervons pour un autre ouvrage. Nous tâcherons ſeulement d'expliquer ce que cet inſtrument a de particulier, & de le faire connoître autant qu'il eſt néceſſaire pour qu'on entende mieux, & les obſervations que nous en donnons, & les vérifications que nous en avons faites.

Une groſſe lunette de cuivre d'environ 9 pieds, forme le rayon d'un limbe qui n'eſt que de $5°\frac{1}{2}$, & qui a deux diviſions, chacune de $7'\frac{1}{2}$ en $7'\frac{1}{2}$, l'une d'un rayon plus court, & faite par des points plus gros; l'autre d'un rayon plus long, & marquée par des points plus petits. Au foyer de la lunette, ſont deux fils d'argent en croix, que M.

Graham lui-même a pris soin d'attacher de la manière la plus solide, & qui se tiennent toûjours également tendus par le moyen de deux ressorts, afin qu'ils ne soient sujets à aucun dérangement. Cette lunette, le centre d'où pend le fil à plomb, & son limbe, ne font qu'une seule piece, qui est proprement tout l'instrument, qui, comme l'on voit, n'est pas sujet à se déranger, comme le font ceux dont le centre est amovible. Il pend librement par deux tourillons cylindriques qui font à l'extrémité supérieure de la lunette, & qui portant sur deux coussinets fixes, lui permettent d'osciller comme un pendule. Un des tourillons se termine par un cylindre très-délié, qu'on a encore diminué à l'endroit qui se trouve dans le plan de l'arc du limbe, dont il est le centre. C'est à cet endroit de l'axe du tourillon qu'est suspendu le fil à plomb ; & c'est autour de cet axe que se meut la lunette, pendant que son limbe, par le moyen de deux roues, coule toûjours appliqué contre un autre limbe immobile attaché à un gros arbre, qui passe par le milieu d'une grande pyramide de bois qui sert de support à l'instrument. C'est à ce limbe immobile qu'on attache le Micro-

metre, à l'endroit qui convient pour l'obfervation ; & voici l'ufage de ce Micrometre.

Le limbe immobile, & celui du Secteur
étant placés dans la direction du Méridien,
la lunette pendant fur fes tourillons fe tien-
droit dans une fituation verticale; mais un
poids léger attaché à une ficelle qui paffe
fur une poulie la tire vers le Midi, pendant
que le Micrometre la repouffe vers le Nord,
par le moyen d'une pointe d'acier qui s'ap-
puye fur un endroit de la lunette où eft
un petit miroir d'acier. Cette pointe con-
duite par une vis très-fine, s'avançant contre
le miroir, ou fe retirant, fait décrire à la lunette autour de fes tourillons, de petits arcs;
& deux cadrans, pendant ce temps-là, mar-
quent le nombre de révolutions & de parties de révolution dont la pointe du Micrometre s'eft avancée ou retirée; c'eft-à-dire,
l'amplitude de l'arc qu'a décrit la lunette
pendant ce mouvement ; pourvû qu'on
connoiffe le rapport de chaque révolution
de la vis aux minutes & aux fecondes.

Comme ce rapport changeroit, fi la
pointe de la vis portoit plus haut ou plus
bas contre le petit miroir ; ce miroir hors du
temps de l'obfervation eft recouvert d'une
lame

lame de cuivre sur laquelle est tracée une ligne, à la hauteur de laquelle se doit trouver la pointe du Micrometre, afin que ses révolutions conservent toûjours le même rapport aux minutes. On peut hausser ou baisser la pointe, jusqu'à ce qu'elle se trouve à la hauteur de cette ligne: & c'est pour cette situation du Micrometre qu'on a déterminé le rapport des révolutions aux minutes.

On commençoit l'observation par placer le point du limbe le plus proche pour la situation où la lunette devoit être, sous le fil qui pend du centre, & dont le poids trempoit dans un vaisseau rempli d'eau-de-vie. Cette opération se fait avec tant de justesse par le moyen du Micrometre, & d'un Microscope, dont le foyer est éclairé perpendiculairement au limbe, que plaçant, & déplaçant plusieurs fois le point, rarement trouve-t-on une partie de différence sur le cadran du Micrometre, c'est-à-dire, rarement une seconde : & quand le fil, au lieu d'être pendu librement, étoit arrêté sur des chevalets, comme dans nos vérifications, rarement trouvoit-on plus de $\frac{1}{4}$ seconde de différence entre une fois & une autre qu'on plaçoit le point sous le fil.

G

Cette précision pourra paroître difficile à croire à ceux qui n'ont pas vû d'instrument comme le nôtre; mais ils verront ce qu'ils en doivent penser, lorsqu'ils examineront les observations qui ont été faites avec cet instrument par plusieurs observateurs différents.

On écrivoit ce que marquoit le Micrometre, lorsque le point du limbe étoit bien coupé par le fil à plomb avant le passage de l'Etoile. Lorsque l'Etoile passoit au Méridien, l'observateur sans pouvoir voir les cadrans du Micrometre en tournoit la vis, jusqu'à ce que l'Etoile lui parût bien coupée dans la lunette par le fil perpendiculaire au limbe. On comptoit alors les révolutions & parties de révolution que l'Observateur faisoit faire à la vis, qu'il falloit ajoûter ou soustraire à l'arc terminé par le point que coupoit le fil à plomb avant l'observation, pour avoir le lieu du limbe sur lequel tomboit le fil au passage de l'Etoile. Enfin, après le passage, on vérifioit l'observation, en remettant sous le fil, le point sur lequel le fil avoit été avant l'observation. Si le Micrometre marquoit encore le même nombre de révolutions & de parties de révolution, qu'il avoit marqué avant le paſſage de l'Étoile, ou que la différence ne fût que d'une, ou même de deux parties, on pouvoit compter ſur l'obſervation; & l'on prenoit le milieu entre le nombre que marquoit le Micrometre avant l'obſervation, & celui qu'il marquoit après, pour le vrai nombre qu'il marquoit lorſque le point du limbe étoit bien placé ſous le fil. S'il y avoit eû une différence plus grande que de deux parties, entre ce que marquoit le Micrometre avant l'obſervation de l'Étoile, & ce qu'il marquoit après, ç'auroit été une preuve qu'il ſeroit arrivé quelque mouvement à l'inſtrument, & qu'il n'auroit pas fallu compter ſur cette obſervation.

Les deux Étoiles que nous avons obſervées avec cet inſtrument, paſſoient ſi près du Zénith, que l'une n'étoit pas éloignée de $\frac{1}{2}$ degré du Zénith ſur Kittis, & l'autre ne l'étoit pas de $\frac{1}{4}$ de degré du Zénith à Torneå. Quoique la ſituation de ces Étoiles rendît peu à craindre pour nous les erreurs qui, dans d'autres cas, peuvent être dangereuſes ſi l'on ſe néglige ſur la poſition du Secteur : & quoique nous ſçûſſions que pluſieurs minutes d'erreur dans l'angle de cette poſition, ne pouvoient avoir ſur nos observations d'effet sensible, nous plaçâmes cependant fort exactement notre Secteur dans le plan du Méridien qu'on avoit tracé; & nous vérifiâmes sa position par l'heure du passage des Etoiles, dont on avoit pris des hauteurs.

I I.

Observations de l'Etoile δ du Dragon, faites sur Kittis, avec le Secteur, pour déterminer l'amplitude de l'arc du Méridien.

Le 4 Octobre 1736.

'AVANT l'observation du passage de l'Etoile par le Méridien, le fil à plomb ayant été mis sur le point du limbe marqué 2° 37′ 30″ de la division supérieure dont nous nous sommes toûjours servis, le Micrometre marquoit 24.Révol. 10,7 parties; dont 44 font une révolution.

PENDANT l'observation, c'est-à-dire, au passage de l'Etoile par le Méridien, le Micrometre marquoit 22   30,9

APRÈS l'observation de l'Etoile, le même point 2° 37′ 30″ étant remis sous le fil, le Micrometre marquoit . . 24   12,5

Prenant le milieu entre ce que marquoit le Micrometre avant & après le passage de l'Etoile, on a 24   11,6

D'où ôtant 22   30,9

On a en parties de Micrometre l'arc compris entre le point du limbe marqué 2° 37′ 30″, & celui sur lequel se trouvoit le fil à plomb au passage de l'Etoile 1   24,7

			Révol.	part.
5 Octobre.	AVANT l'obſervation . .	24	13,3
	PENDANT l'obſervation.	22	31,4
	APRÈS	24	15,3
		24	14,3
		22	31,4
	Différence	1	26,9

6 Octobre.	AVANT	24	9,8
	PENDANT	22	28,2
	APRÈS	24	9,8
		24	9,8
		22	28,2
	Différence	1	25,6

8 Octobre.	AVANT	18	1,0
	PENDANT	16	16,7
	APRÈS	17	43,0
		18	0
		16	16,7
	Différence	1	27,3

10 Octobre.	AVANT	17	33,0
	PENDANT	16	8,3
	APRÈS	17	33,1
		17	33,0
		16	8,3
	Différence	1	24,7

Ces obſervations furent faites à la lumiére du jour, ſans éclairer les fils du foyer de la lunette.

G iij

III.

Observations de la même Étoile faites à Torneå.

1736.

Le fil à plomb sur le point du limbe marqué 1° 37′ 30″
de la division supérieure ;
Le Micrometre marquoit ;

			Révol.	parts
1 Novembre	AVANT	17	39,5
	PENDANT	19	36,3
	APRÈS	17	40,5
		17	40,0
		19	36,3
	Différence	1	40,3

2 Novembre	AVANT	18	13,1
	PENDANT	20	8,8
	APRÈS	18	12,0
		18	12,5
		20	8,8
	Différence	1	40,3

3 Novembre	AVANT	18	37,0
	PENDANT	20	33,3
	APRÈS	18	35,0
		18	36,0
		20	33,3
	Différence	1	41,3

4 Novembre	AVANT	18	32,2
	PENDANT	20	28,4
	APRÈS	18	31,0
		18	31,6
		20	28,4
	Différence	1	40,8

		Révol.	part.
	AVANT	12	24,4
5. Novembre { PENDANT	14	20,5
	APRÈS	12	24,0

12	24,2
14	20,5
Différence 1	40,3

Ces obſervations furent faites à la lumiére du jour, ſans éclairer les fils du foyer de la lunette.

CHAPITRE VI.

Calcul de l'Arc du Méridien obſervé.

	Révol.	part.
Les obſervations ſur Kittis donnent .. 1	24,7
1	26,9
1	25,6
1	27,3
1	24,7
Dont le milieu eſt 1	25,8

Les obſervations de Torneå donnent... 1	40,3
1	40,3
1	41,3
1	40,8
1	40,3
Dont le milieu eſt 1	40,6

G iiij

On a donc pour l'arc du limbe, sur lequel tomboit le fil pendant le passage de l'Etoile sur Kittis . . . . 2° 37′ 30″ — 1   25, 8

Révol. Part.

Et pour l'arc du limbe sur lequel tomboit le fil pendant le passage de la même Etoile à Torneå . . . . 1 37 30 + 1   40,6

La différence de ces deux arcs, donne la différence de la distance de cette Etoile au Zénith de Kittis & de Torneå 1   0   0 — 3   22,4

Pour réduire les révolutions & les parties du Micrometre en minutes & secondes, il faut sçavoir *(page 120.)* que 15′ = 20^R. 23,5^P, & l'on a . . . . 3^R.22,4^P = 2′ 33,″8
qui étant retranchées de . . . . .   1° 0′ 0″

donnent l'arc observé de . . . . .   0° 57′ 26,″2

De plus, par la construction du Secteur, la corde de 5°½ qui est de 10,625 pouces Anglois, est trop petite de 0,002, ou de 3″½ pour le rayon du Secteur, qui est de 110,75. Ces 3″½ sur 5°½ donnent pour 57′½ . . . .   0,″65
qu'il faut ôter; & l'on a pour l'arc observé . . . . 57′ 25,″55

SECONDE PARTIE.

Vérifications de tout l'ouvrage.

CHAPITRE PREMIER.

Vérification des angles horifontaux par leur somme dans le contour de l'Heptagone.

CTK.....	24°	22'	54",5	
KCT.....	37	9	12,0	
KCH.....	100	9	56,8	
HCA.....	30	56	53,4	
CAH.....	112	21	48,6	
HAP.....	53	45	56,7	
APH.....	31	19	55,5	
HPN.....	37	22	2,1	
NPQ.....	87	52	24,3	
PQN.....	40	14	52,7	
QNP.....	51	53	4,3	
PNH.....	93	25	7,5	
HNK.....	27	11	53,3	
NKH.....	9	41	47,7	
HKC.....	43	45	35,6	
CKT.....	118	28	12,0	

Fig. 1.

Somme 900   1   37, qui différe de 1″ 37" de ce qu'elle devroit être si la furface étoit platte, & s'il n'y avoit aucune erreur dans les obfervations ; mais qui doit être réellement un peu plus grande que 900°, à caufe de la courbûre de la Terre.

CHAPITRE II.

Vérification de la position de l'Heptagone faite à Torneå.

Fig. 4. LE centre du Quart-de-cercle de deux pieds de rayon étant placé dans la ligne qui passoit par la flêche de l'Eglise de Torneå, & le signal de Niwa, on observa l'angle que formoit avec le signal de Niwa, le Soleil dans l'horizon, en marquant le temps par le moyen d'une Pendule qu'on avoit portée sur le lieu le plus élevé de l'Isle Swentzar, & dont on rapporta l'heure plusieurs fois par des signaux à celle d'une Pendule réglée dans la maison où je demeurois.

Temps vrai. *1737 le 24 Mai au soir.*

à 9ʰ 55′ 16″...*n C S*...13° 36′ 26″ Angle entre le signal de Niwa & le centre du Soleil, conclu par le passage des deux bords par le fil vertical de la Lunette.

Supposant la déclinaison du Soleil de 20° 53′ 29″ sept. & la latitude du lieu de l'observation 65 51 0, on trouvera . . . *R C S*...28° 55′ 48″ Angle du vertical du Soleil, avec la Méridienne, calculé pour l'instant de l'observation ;

d'où ôtant . . *n C S*...13 36 26 observé ci-dessus ; on a

R C n, ou *R T n*...15 19 22 pour l'angle que forme avec la Méridienne, la ligne tirée de la flêche de Torneå au signal de Niwa.

1737 le 25 Mai au matin.

Le centre du Quart-de-cercle placé dans la direction de   **Fig. 5.**
Kakama & de la flêche de Torneå.

Temps vrai.

à 2ʰ 3′ 5″...*nCS*...44° 6′ 34″½   Angle obfervé entre le fignal de Niwa, & le centre du Soleil levant.

nCK...19 52 34   Angle obfervé fur le même lieu entre le fignal de Niwa, & celui de Kakama.

KCS...24 14 0½   Angle entre le fignal de Kakama, & le Soleil levant.

RCS...28 32 48   Angle du vertical du Soleil avec la méridienne, calculé pour le moment de l'obfervation; la déclinaifon du Soleil étant de 20° 55′ 22″.

KCR, ou *KTR*...4 18 47½   Angle que forme avec la Méridienne, la ligne tirée de la flêche de Torneå au fignal de Kakama.

1737 le 25 Mai au matin.

Le Quart-de-cercle dans la même fituation,

Temps vrai.

à 2ʰ 9′ 38″...*nCS*...45° 36′ 34″½
nCK...19 52 34

KCS...25 44 0½
RCS...30 2 25   La déclinaifon du Soleil étant de 20° 55′ 25″.

KTR...4 18 24½   Angle que forme avec la Méridienne, la ligne tirée de la flêche de Torneå au fignal de Kakama.

Réduifant la pofition de Niwa, donnée par la première

Fig. 4.
& 5.

observation, à celle de Kakama, par l'angle *n T K*, qui
est *(pag. 80.)* de 19° 38ᶠ 17,"8,

on aura *K T R* . . . . 4 18 56 pour la déclinaison de Ka.
kama. Et prenant un milieu entre ce que donnent ces trois
observations,

4° 18' 24"½ ⎫
4 18 47½ ⎬ on aura 4° 18' 42"½ pour la déclinaison orien.
4 18 56 ⎭   tale de Kakama.

Mais par le calcul précédent des Triangles, nous avons
trouvé cet angle de . . . . 4° 11' 53"
à quoi ajoûtant . . . . 0 7 24 que nous
avons trouvé *(pag. 93.)* pour la
convergence des Méridiens de Tor-
neå & de Kittis, on aura *K T R* . . 4 19 17.

Par les trois observations précédentes, cet angle étoit de 4 18 42½

qui ne diffère que de . . . . 0 0 34½.

Cette différence est trop petite, pour
qu'on puisse la regarder comme une véritable déviation de la Méridienne : partant
nous n'en avons tenu aucun compte, d'autant
plus que la position de la figure, à l'égard de
la Méridienne, avoit été concluë sur Kittis,
par un plus grand nombre d'observations.

CHAPITRE III.

Vérification de la distance de Torneå à Kittis, par dix nouvelles suites de Triangles.

I.

PAR les Triangles *TnK, nKC, CKH, HCA, AHP,* PHN, NPQ.　　　　　　　　　　Fig. 6.

Partant toûjours du côté *A C*, la résolution de ces Triangles donne pour la distance *Q M* . . . . 54941 Toises.
Qui différe de la distance concluë *(pag. 91.)* 54942,57.
par nos deux premiéres suites, de . . . . . .　　1 ½

II.

Par les Triangles *Tn K, KHn, nCH, HCA, APH,* 'HNP, PNQ, on a *Q M* . . . . 54936　　Fig. 7.
Qui différe de *Q M (pag. 91.)* de . . . . .　　6 ½

III.

Par les Triangles *Tn K, Kn H, Hn A, ACH, HAP,* 'PHN, NPQ, on a *Q M* . . . . 54942 ½　　Fig. 8.
Qui ne différe pas sensiblement.

IV.

Par les Triangles *Tn K, KCH, HnC, CHA, AHP,* 'PHN, NPQ, on a *Q M* . . . . 54943 ¼　　Fig. 9.
Qui différe de . . . .　　1

V.

Par les Triangles *Tn K, KnC, CnA, ACH, HAP,* 'PHN, NPQ, on a *Q M* . . . . 54925　　Fig. 10.
Qui différe de . . . .　　17 ½

V I.

Fig. 11. Par les Triangles *Tn K*, *Kn H*, *HA n*, *n C A*, *A HP*, *PHN*, *NPQ*, on a *Q M* . . . . 54915 ½ Toises.

Qui diffère de 27

V I I.

Fig. 12. Par les Triangles *Tn K*, *Kn C*, *C A n*, *n HK*, *KHN*, *NHP*, *P NQ*, on a *Q M* 54912

Qui diffère de . . . . 30 ¼

V I I I.

Fig. 13. Par les Triangles *Tn K*, *KCn*, *n AC*, *CKH*, *HKN*, *NHP*, *PNQ*, on a *Q M* . . . . 54906 ½

Qui diffère de 36

I X.

Fig. 14. Par les Triangles *Tn C*, *Cn A*, *An H*, *HAP*, *PHN*, *NPQ*, on a *Q M* 54910

Qui diffère de . . . . 32 ½

X.

Fig. 15. Par les Triangles *Tn C*, *CAn*, *n CK*, *Kn H*, *HKN*, *NHP*, *PNQ*, on a *Q M* 54891

Qui diffère de . . . . 51 ½

Quoiqu'il ne se trouve pas entre toutes ces suites, de différences bien considérables, nous n'avons pas cru les devoir faire entrer dans la détermination de la longueur de notre arc, que nous avons faite sur deux suites qui nous ont paru préférables aux autres.

CHAPITRE IV.

Autre vérification de la distance de Torneå à Kittis.

QUOIQU'ON puisse assés voir par les dix Fig. 16. suites précédentes, qu'il ne s'étoit pas pû glisser d'erreur considérable dans les observations des Triangles de la Méridienne ; puisque toutes ces suites, dont plusieurs employent des Triangles rejettables par la petitesse de leurs angles, ne donnent pas de grandes différences entr'elles ; voici une autre espece de vérification qui ôte toute inquiétude sur l'erreur des observations, quand même on n'auroit observé que les angles nécessaires pour la premiére suite.

Nous supposons que dans chaque Triangle, il y eût une erreur de 20″ à chacun des deux angles, & de 40″ au troisiéme : & que ces erreurs eussent toûjours diminué la longueur de la Méridienne *QM*. La petitesse de la différence qu'on a par cette supposition, fait voir l'avantage que nous avons dans le petit nombre de nos Triangles, & dans la position de la base à l'égard de ces Triangles.

Voici comment le calcul doit s'entreprendre.

Partant toûjours de la base Bb, & faisant les angles Bba, & bBa plus petits de 20″, que BbA & bBA, on a le côté aB au lieu de AB. Se servant ensuite de ce côté aB, & faisant les angles BaC, & aBc plus petits de 20″, que BAC, & ABC, on a le point c au lieu du point C, & le côté ac au lieu de AC.

Par ac, on a les côtés ah & ch, au lieu de AH, & CH, en supposant les angles cah, & ach plus petits de 20″ que les angles CAH & ACH: & allant ainsi toûjours, en diminuant les Triangles de la Méridienne, on a la figure $qpnhackt$ au lieu de $QPNHACKT$.

Ensuite supposant aussi une erreur de 20″ dans la position de la Méridienne, c'est-à-dire, en supposant que pqm soit plus petit de 20″ que PQM; on a, le calcul étant fait en toute rigueur, qm plus petit que QM de 54 toises, erreur peu considérable, quoiqu'elle résulte de la supposition la plus étrange de mal-adresse & de malheur.

CHAPITRE V.

CHAPITRE V.

Vérification de l'Amplitude de l'Arc du Méridien.

I.

Observations de l'Etoile α du Dragon, faites à Torneå, dans le même lieu où l'on avoit observé l'Etoile δ.

1737.

Le fil à plomb sur le point du limbe marqué 3° 15′ δ de la division supérieure ;

Le Micromètre marquoit,

		Révol.	parts
17 Mars	AVANT l'observation.	19	32,7
	PENDANT l'observation.	16	42,0
	APRÈS	19	34,0
		19	33,3
		16	42,0
	Différence	2	35,3
18 Mars	AVANT	22	41,6
	PENDANT	19	30,4
	APRÈS	22	21,9
		22	21,7
		19	30,4
	Différence	2	35,3
19 Mars	AVANT	21	21,0
	PENDANT	18	32,1
	APRÈS	21	21,3
		21	21,1
		18	32,1
	Différence	2	33,0

H

I I.

Observations de la même E'toile, faites sur Kittis, dans le même lieu où l'on avoit observé l'E'toile ♌.

1737.

Le fil à plomb sur le point du limbe marqué 4° 15′ 0″ de la division supérieure;

Le Micrometre marquoit

			Révol.	part.
4 Avril...	AVANT l'observation . .	21	12,0
	PENDANT l'observation.	14	43,0
	APRÈS	21	12,0
		21	12
		14	43
	Différence	6	13,0

5 Avril...	AVANT	21	12,5
	PENDANT	15	0,0
	APRÈS	21	12,2
		21	12,3
		15	0,0
	Différence	6	12,3

6 Avril...	AVANT	21	19,5
	PENDANT	15	7,2
	APRÈS	21	19,7
		21	19,6
		15	7,2
	Différence	6	12,4

Ces observations, tant à Torneå que sur Kittis, furent faites à la lumiére d'un flambeau qui éclairoit par réfléxion les fils du foyer de la lunette.

CHAPITRE VI.

Calcul de l'Arc du Méridien observé.

	Révol.	part.
Les observations de Torneå donnent...	2	35,3
	2	35,3
	2	33,0
Dont le milieu est	2	34,5

	Révol.	part.
Les observations sur Kittis donnent...	6	13,0
	6	12,3
	6	12,4
Dont le milieu est	6	12,6

On a donc pour l'arc du limbe, sur lequel tomboit le fil pendant le passage de l'Etoile à Torneå . . . . 3° 15′ 0″ — 2 34,5 Révol. part.

Et pour l'arc du limbe, sur lequel tomboit le fil pendant le passage de la même Etoile sur Kittis . . . . 4 15 0 — 6 12,6

La différence de ces deux arcs, donne la différence de la distance de cette Etoile au Zénith de Kittis & de Torneå . . . . 1 0 0 — 3 22,1

3 Révol. 22,1 part. = ... 0° 2′ 33″,5

qui étant retranchées de . . . . 1° 0′ 0″

donnent l'arc observé de . . . . 0° 57′ 26″,5

Correction pour la petitesse de la corde de 5°½ . . . . 0° 0′ 0″,65

on a pour l'arc observé . . . . 0° 57′ 25″,85

* H ij

CHAPITRE VII.
Vérifications du Secteur.

I.

Vérification de l'Arc de $5^{d}\frac{1}{2}$ du Secteur.

LE 4 Mai 1737 à Torneå, nous mesurâmes sur la glace du fleuve, une distance de 380^{toises} 1^{pied} 3^{pouces} 0^{ligne} : elle fut mesurée deux fois ; & entre la première & la seconde mesure, on ne trouva aucune différence. A l'une des extrémités de cette distance, étoit placé le centre du Secteur, qu'on avoit posé horisontalement sur deux gros affuts, dans une chambre qu'on avoit choisi sur le bord du fleuve. A l'autre extrémité étoit un poteau, sur lequel on avoit placé une mire, du centre de laquelle on mesura dans une direction perpendiculaire à la distance qui devoit servir de rayon, une autre distance de 36^{toises} 3^{pieds} 6^{pouces} $6\frac{2}{3}^{lignes}$, qui devoit servir de tangente, & qui étoit terminée par le centre d'une autre mire attachée sur un second poteau ; ce qui formoit sur la glace, un Secteur d'environ

380 toiſes de rayon, auquel nous comparions le nôtre.

On avoit tendu un fil d'argent depuis le centre du Secteur, juſqu'à un point d'appui éloigné d'environ 5 ou 6 pouces du limbe: ce point étoit tout-à-fait immobile, ainſi qu'on le vérifioit; & le fil d'argent effleuroit le limbe du Secteur, qu'on faiſoit mouvoir horiſontalement autour de ſon centre.

L'angle entre les deux mires pris par cinq Obſervateurs, fut trouvé plus grand que 5° 30′.   **parties du Micromet.**

Par le 1.er de 6,5

Par le 2.d de 8,3

Par le 3.e de 7,0

Par le 4.e de 7,9

Par le 5.e de 6,8

Donc par un milieu, de 7,3 P, ou de 7,″3

Or, ſelon la conſtruction du Secteur, *(page 104.)* l'arc dont nous nous ſommes ſervis, eſt trop petit de 3″¾:

il eſt de . . . . 5° 29′ 56″,25

En retranchant encore 0° 0′ 7″,3

L'angle obſervé, eſt de 5° 29′ 48″,95

Et l'angle calculé, eſt de 5° 29′ 50″,00

H iij

D'où l'on voit quelle est la justesse de cet instrument; & à quel degré de précision, on peut observer avec. Cette différence de 1″ sur l'arc de 5° $\frac{1}{2}$, ne mérite pas qu'on y fasse attention, & peut venir de l'erreur de l'observation.

I I.

Vérification des deux degrés du limbe, dont on s'est servi pour déterminer l'amplitude de l'arc du Méridien.

Le Secteur toûjours posé horisontalement sur ses affûts, on avoit tendu deux fils partants du centre, & qui faisant entr'eux un angle fort approchant de 1°, effleuroient le limbe, & étoient fixés sur deux chevallets immobiles. On avoit placé au-dessus de chacun de ces fils, un Microscope, dont le foyer étoit éclairé par la lumiére d'une bougie, réünie par une lentille: & lorsque le Micrometre faisoit mouvoir la lunette, les points du limbe se trouvoient tous successivement aux foyers des Microscopes.

On comparoit ainsi avec l'intervalle fixe que les fils laissoient entr'eux, les deux degrés dont on s'étoit servi pour les deux Etoiles, en faisant passer ces deux degrés l'un après l'autre fous ces fils: & l'obfervation faite par cinq obfervateurs, on trouvoit l'arc compris entre les points marqués 1° 37′ 30″, & 2° 37′ 30″, plus grand que l'arc compris entre les points 3° 15′ 0″, & 4° 15′ 0″.

Le 1.er obfervateur de . .	0″,6	
Le 2.d de	0,7	
Le 3.e de	0,8	0″,95
Le 4.e de	0,85	
Le 5.e de	1,8	

⌐ Donc par un milieu, l'arc fur lequel on avoit obfervé l'amplitude par l'Etoile ♌, étoit plus long que celui fur lequel on avoit obfervé l'amplitude par l'Etoile α, de 0″,95.

Il faut remarquer ici, qu'on peut tout autrement compter fur cette petite différence obfervée entre les deux degrés du limbe, que fur celle de l'article précédent; parce que celle-là dépendoit de l'obfervation du point fous le fil, & de l'obfervation de l'objet dans la lunette; au lieu que celle-ci ne dépend que de l'obfervation du point fous le fil, qui, par le moyen des Microfcopes bien éclairés, fe peut faire avec la dernière juftesse.

III.

Vérification de la division du Secteur.

On examina de la même maniére, chaque Intervalle du limbe, de 15′ en 15′, dans la division supérieure; & voici la Table de ce qu'on trouva, qui fera connoître l'exactitude de la division de cet instrument, & de son Micrometre.

					Suivant nous.		*Suivant M. Graham;*
					Revol.	parties.	parties.
De	0° 15′	à	0° 30′	...	20	23,2	 22,75
	0 30	à	0 45	....		22,2	 22,25
	0 45	à	1 00	....		23,7	 23,5
	1 00	à	1 15	....		23,4	 23,75
	1 15	à	1 30	....		24,3	 24,5
	1 30	à	1 45	....		23,3	 23,5
	1 45	à	2 00	....		23,8	 24,5
	2 00	à	2 15	....		23,4	 23,875
	2 15	à	2 30	....		23,1	 23,5
	2 30	à	2 45	....		23,6	 24,125
	2 45	à	3 00	....		23,3	 23,5
	3 00	à	3 15	....		24,3	 24,375
	3 15	à	3 30	....		24,0	 24,0
	3 30	à	3 45	....		23,1	 23,25
	3 45	à	4 00	....		24,0	 24,125
	4 00	à	4 15	....		23,4	 24,125
	4 15	à	4 30	....		22,9	 23,75
	4 30	à	4 45	....		23,3	 23,5
	4 45	à	5 00	....		22,9	 22,75
	5 00	à	5 15	....		23,6	 24,25
	5 15	à	5 30	....		23,0	 23,625
	5 30	à	5 45	....		22,1	 22,5

Le milieu donne 15 = 20^R. 23,3^P ... 23,61^P

CHAPITRE VIII.

Détermination du degré du Méridien, qui coupe le cercle Polaire.

I.

Détermination de l'amplitude de l'arc du Méridien, terminé par les cercles parallèles, qui passent par Kittis & Torneå.

ON a trouvé *(page 1 0 4.)* pour l'amplitude de l'arc du Méridien, déterminée par l'Etoile 𝛿, l'arc observé. . . 57′ 25″,55

Et pour l'amplitude du même arc, déterminée par l'Etoile 𝛼, *(page 1 1 5.)* l'arc observé . . . . 57′ 25″,85

Pour avoir les véritables amplitudes que donnent l'une & l'autre de ces Etoiles, il faut faire à ces arcs différentes corrections.

POUR L'ETOILE 𝛿.

Par la Précession des Equinoxes, depuis le 6 Octobre jusqu'au 3 Novembre, qu'on prend pour l'intervalle entre les observations de l'Etoile 𝛿 *du Dragon,* cette Etoile s'étoit approchée du Pole, de 0″,48 : & comme elle

étoit vûë au Nord sur Kittis, il faut retrancher de l'arc observé *(page 104.)* 57′ 25″,55
cette quantité . . . . 0′ 0″,48

Et l'on a *l'amplitude corrigée pour la Précession* . . . . . 57′ 25″,07

Par l'Aberration de la lumiére, cette E'toile pendant le même temps, s'étoit éloignée du Pole, de 0 1,83
qu'il faut ajoûter.

Et l'on a *l'amplitude par ♌, corrigée pour la Précession & l'Aberration* . . . . 57′ 26″,9

POUR L'ETOILE *a.*

Par la Précession des E'quinoxes, depuis le 18 Mars jusqu'au 5 Avril, qui est l'intervalle entre les observations de l'Etoile *a du Dragon,* cette E'toile s'étoit éloignée du Pole de 0″,85. Et comme elle étoit vûë au Midi à Torneå, il faut retrancher de l'arc observé *(page 115.)* . . . 57′ 25″,85
cette quantité . . . . 0′ 0″,85

Et l'on a *l'amplitude corrigée pour la Précession* . . . . 57′ 25″,00

Par l'Aberration de la lumiére, cette Etoile pendant le même temps, s'étoit approchée du Pole, de . . 0′ 5″,35 qu'il faut ajoûter.

Et l'on a *l'amplitude par α,* *corrigée pour la Précession &* _____ *l'Aberration* . . . . 57′ 30″,35

I I.

Détermination plus exacte de l'amplitude de l'arc du Méridien, terminé par les cercles paralleles qui passent par Kittis & Torneå.

M. Bradley ayant bien voulu me faire part de ses derniéres découvertes, sur les mouvemens des Etoiles; & me communiquer la correction nécessaire aux deux arcs observés par les deux Etoiles δ & α, tant pour la Précession des Equinoxes, que pour l'Aberration de la lumiére, & pour un troisiéme mouvement, dont nous avons parlé *(page 44.)* Nous employerons pour avoir une plus grande exactitude, les corrections telles qu'il nous les a envoyées, quoiqu'elles ne différent pas sensiblement de celles que nous venons de faire. Il faudra à

l'arc observé par ♄, *(p. 104.)*   57′ 25″,55
ajoûter . . . . 0′ 1″,38

Et l'on aura *l'amplitude par* ♄, *corrigée pour tous les mouvements* . . . . 57′ 26″,93

Il faudra à l'arc observé par ♈, *(page 115.)* . . . . 57′ 25″,85
ajoûter . . . . 0′ 4″,57

Et l'on aura *l'amplitude par* ♈, *corrigée pour tous les mouvements.* . . . . 57′ 30″,42

Quoique la différence qui se trouve ici entre ces deux amplitudes, ne soit que de 3″,49, on voit *(page 119.)* qu'elle n'est réellement que de 2″,54 : & elle n'iroit pas à 2″, si l'on ne faisoit usage que des obfervations les plus parfaites ; que de celles où le Micrometre, après le passage de l'Etoile, lorsqu'on remettoit le point sous le fil, marquoit à 1″ ou moins, près, ce qu'il avoit marqué auparavant. Cette différence est si petite, qu'on ne peut pas douter que les deux opérations ne soient fort justes.

Nous ne faisons ici aucune correction

pour la Réfraction ; parce que s'il y en a encore à de fi petites diftances du Zénith, elle n'y fçauroit être bien connuë ; & que fûrement elle ne produit pas ici d'effet fenfible.

I I I.

Détermination du Degré du Méridien, qui coupe le Cercle Polaire.

Nous prendrons donc pour la vraye amplitude de l'arc du Méridien, compris entre les paralleles qui paffent par Kittis & Torneå 57′ 28″,67, qui eft l'amplitude moyenne entre les deux précédentes. Et comparant cette amplitude avec la longueur de l'arc *q μ*, qui *(page· 9 3·)* eft de 55023,47 toifes, on trouvera que *la longueur du degré du Méridien qui coupe le Cercle Polaire, eft de 57437,9 toifes.*

Fig. 2.

I V.

Remarque fur le degré mefuré par M. Picard.

Ce degré, comme on voit, eft plus long de 377,9 toifes, que celui qu'on prend communément pour le degré moyen de la France, que M. Picard a déterminé de 57060 toifes.

Mais si l'on fait au degré de M. Picard, la correction nécessaire pour l'Aberration de l'Etoile δ *du Genouil de Cassiopée,* par laquelle il détermina son amplitude, on verra que prenant le 15 Septembre & le 15 Octobre pour les milieux des temps de ses observations, il faut ajoûter $8\frac{1}{2}''$ à l'amplitude de l'arc de Malvoisine à Amiens : y ajoûtant encore $1\frac{1}{2}''$ pour la Précession des Equinoxes, & $1\frac{1}{2}''$ pour la réfraction, corrections qu'il n'avoit point faites ; cette amplitude sera $1°\ 23'\ 6\frac{1}{2}''$: & comparée à la longueur de l'arc 78850 toises, elle donne le degré vers Paris, de $56925,7$ toises, plus court que le nôtre, de $512,2$ toises.

Enfin, si l'on refusoit d'admettre la Théorie de M. Bradley, & qu'on n'attribuât aux Etoiles que le changement en déclinaison, causé par la Précession des Equinoxes, l'amplitude de notre arc seroit par l'Etoile δ, *(page 122.)* $57'\ 25'',07$; & par l'Etoile α, *(p. 122.)* $57'\ 25'',00$. D'où l'on trouveroit notre degré encore plus long qu'on ne le trouve en suivant la Théorie de M. Bradley.

V.

CONCLUSION.

Le degré du Méridien qui coupe le Cercle Polaire, surpaſſant le degré du Méridien en France, la Terre eſt un Sphéroïde applati vers les Pôles.

CHAPITRE IX.

Maniére de trouver la Figure de la Terre, par la Meſure de deux Degrés du Méridien.

LORSQU'ON connoît la longueur de deux différents degrés du Méridien, meſurés dans des lieux dont on connoît la latitude, la figure de la Terre eſt déterminée : voici la ſolution de ce Probleme, & une formule pour trouver le rapport de l'axe de la Terre au diametre de l'Équateur.

PROBLEME.

La longueur & la latitude de deux Degrés du Méridien, étant données, trouver la Figure de la Terre !

Conſidérant la Terre comme un Ellipſoïde, parce qu'elle n'en différe que très-peu :

Fig. 17. foit l'Ellipfe PAp, qui repréfente le Méridien; dans laquelle l'axe eft Pp, & le diametre de l'Equateur Aa. Soient deux degrés de cette Ellipfe, ou deux petits arcs d'une même amplitude Ee, Ff. Les perpendiculaires à l'Ellipfe qui les terminent, concourent aux points G & H, faifant les angles G & H égaux. Et les latitudes où fe trouvent ces deux degrés font données par les angles EKA, FLA.

Soit le rapport de CP à CA, celui de m à 1; $CM = x$, $EM = y$; le finus de l'angle EKA, c'eft-à-dire, le finus de latitude du point $E = f$, pour le rayon $= 1$; le finus de l'angle FLA, ou le finus de latitude du point $F = s$, pour le même rayon. Enfin, foient les arcs $Ee = E$, & $Ff = F$.

On a par la propriété de l'Ellipfe $y = m \sqrt{(1 - xx)}$; $EK = m \sqrt{(1 - xx + mmxx)}$; & le rayon de la développée $EG = \frac{1}{m} (1 - xx + mmxx)^{\frac{3}{2}}$. Et FL & FH, ont les mêmes expreffions pour l'x qui leur convient. Puifque f eft le finus de l'angle EKA pour le rayon 1, on a $1 : f$ $:: m \sqrt{(1 - xx + mmxx)} : m \sqrt{(1 - xx)}$.

Ou

Ou $xx = \dfrac{1 - \int\int}{1 - \int\int + mm\int\int}$. Et mettant cette **Fig. 17.**

valeur de xx dans l'expreſſion de EG &

FH, on a $EG = \dfrac{mm}{(1 - \int\int + mm\int\int)^{\frac{3}{2}}}$, &

$FH = \dfrac{mm}{(1 - ss + mmss)^{\frac{3}{2}}}$. Et puiſque les

arcs Ee, & Ff, ont la même amplitude,

c'eſt-à-dire, que les angles G & H ſont

égaux, on a $E : F : : \dfrac{mm}{(1 - \int\int + mm\int\int)^{\frac{3}{2}}}$

$: \dfrac{mm}{(1 - ss + mmss)^{\frac{3}{2}}}$; ou $E \times [1 + (mm - 1)\int\int]^{\frac{3}{2}}$

$= F \times [1 + (mm - 1)ss]^{\frac{3}{2}}$, ou réduiſant

en ſuites, $E \times [1 + \frac{3}{2}(mm - 1)\int\int +$
$\frac{3}{8}(mm - 1)^2 \int^4 + \&c.] = F \times [1 +$
$\frac{3}{2}(mm - 1)ss + \frac{3}{8}(mm - 1)^2 s^4 + \&c.]$

Mais comme l'Ellipſoïde de la Terre ne
différe pas beaucoup du Globe, la quantité
$mm - 1$ eſt fort petite, & l'on peut négliger
les termes où ſe trouvent ſon quarré & ſes
puiſſances ultérieures. Et l'on a $E \times [1 +$
$\frac{3}{2}(mm - 1)\int\int] = F \times [1 + \frac{3}{2}(mm - 1)ss]$
ou $2E + 3(mm - 1)E\int\int = 2F +$

I

Fig. 17. $3 (mm - 1) Fss$; ou $1 - mm = \dfrac{2(E-F)}{3(E\int\int - Fss)}$

ou prenant D, pour la différence entre le demi-axe & le rayon de l'Équateur, on a

$$D = \dfrac{E-F}{3(E\int\int - Fss)}, \text{ ou } D = \dfrac{E-F}{3E(\int\int - ss)}.$$

D'où l'on peut facilement déterminer l'espéce de l'Ellipsoïde, & construire une table des différentes longueurs du degré pour chaque latitude.

Coroll. Si l'un des degrés qu'on compare, est pris à l'Équateur, la formule précédente devient $D = \dfrac{E-F}{3E\int\int}$: & si l'autre degré est pris au Pole, la formule devient $D = \dfrac{E-F}{3E}$;

D'où l'on voit que le rayon de l'Équateur est au triple du dernier degré de latitude; comme la différence entre le diametre de l'Équateur & l'axe, est à la différence entre le premier & le dernier degré de latitude.

OBSERVATIONS
FAITES AU
CERCLE POLAIRE.
LIVRE SECOND.

Obfervations Aftronomiques, pour déterminer la hauteur du Pole à Torneâ, la Réfraction & la Longitude.

CHAPITRE PREMIER.

*Obfervations d'*Arcturus *& de l'*E'toile Polaire, à Torneâ *& à* Paris.

I.

*Obfervations d'*Arcturus *& de l'*E'toile Polaire à Torneâ.

ON a obfervé à Torneâ & à Paris, la diftance au Zénith de l'*E'toile Polaire* & d'*Arcturus*, dont on avoit deffein de fe fervir pour déterminer fi la réfraction à la hauteur de ces E'toiles différoit ſenſiblement à Torneå de ce qu'elle eſt à Paris, comme on avoit lieu de le croire, par l'obſervation de Bilberg à Torneå, & des Hollandois à la nouvelle Zemble.

On avoit choiſi ces deux E'toiles, parce que l'arc du Méridien, terminé par leurs paralleles, ſe trouvoit à Torneå à peu-près à la même hauteur qu'à Paris ; avec cette différence, que c'étoit dans une diſpoſition oppoſée. Partant, ſi la réfraction étoit plus grande à Torneå, cet arc devoit y être plus court qu'à Paris.

Mais par les obſervations, cet arc s'eſt trouvé de la même longueur à Paris & à Torneå, à quelques petites différences près, qui donneroient au contraire la réfraction plus petite à Torneå, mais que nous n'attribuons qu'aux erreurs des obſervations, & qui ſont trop peu conſidérables, pour devoir en juger la réfraction inégale à cette hauteur.

Voici les obſervations de ces deux E'toiles, faites à Torneå avec un Quart-de-cercle de 3 pieds de rayon, & à Paris avec un Quart-de-cercle de 2 $\frac{1}{2}$ pieds ; l'un & l'autre bien vérifié par le renverſement.

Diſtance de l'E'toile Polaire *au Zénith de Torneå,*

Obſervée en Novembre & Décembre 1736.			*Réduite pour 1737.*		
27 Novembre . . . . 22°	2′	51″ . . . . . . 22°	3′	11″
29 Novembre 22	2	40 22	3	0
1 Décembre 22	2	43 22	3	3

Donc par un milieu entre ces obſervations, la diſtance de l'*Etoile Polaire*
au Zénith de Torneå, étoit au commencement de Décembre 1737 22   3   5

*Diſtance d'*Arcturus *au Zénith de Torneå.*

26 Novembre 1737. 45°	15′	49″ . . . . . . 45°	16′	6″
1 Décembre 45	16	4 45	16	21
Décembre 45	15	43 45	16	0
9 Décembre 45	15	$52\frac{1}{2}$ 45	16	$9\frac{1}{2}$

Donc par un milieu entre ces obſervations, la diſtance d'*Arcturus* au Zénith
de Torneå, étoit au commencement de
Décembre 1737 45   16   9
qui, ajoûtée à la diſtance du Zénith de
l'Etoile Polaire 22   3   5
donne pour l'arc du Méridien terminé par
les paralleles de ces deux E'toiles, obſervé
à Torneå 67   19   14

I I.

Obfervations des mêmes E'toiles à Paris.

Diftance de l'Etoile Polaire au Zénith de Paris,
Obfervée en Novembre & Décembre 1737.

8 Novembre	39° 2' 19"½
9 Novembre	39 2 22
5 Décembre	39 2 30
8 Décembre	39 2 33
14 Décembre	39 2 34

Donc par un milieu entre ces obfervations, la diftance de l'*Etoile Polaire*
au Zénith de Paris, étoit au commencement de Décembre 1737 . . . . 39 2 28

Diftance d'Arcturus au Zénith de Paris.

29 Octobre 1737	28° 16' 30"
8 Novembre.	28 16 32
16 Décembre.	28 16 44
24 Décembre.	28 16 43

Donc par un milieu entre ces obfervations, la diftance d'*Arcturus* au Zénith
de Paris, étoit au commencement de
Décembre 1737 . . . . 28 16 37
qui, ajoûtée à la diftance au Zénith de
l'Etoile Polaire 39 2 28
donne pour l'arc du Méridien terminé par
les paralleles de ces deux E'toiles, obfervé
à Paris 67 19 5

I I I.

La même opération faite fur l'Etoile Polaire, dans la partie inférieure de son cercle, comparée avec Arcturus.

Diftances de l'Etoile Polaire au Zénith de Torneâ,
Obfervées en Novembre & Décembre 1736.   *Réduites pour 1737.*

26 Novembre .... 26° 14' 37″ ...... 26° 14' 17″
27 Novembre .... 26 14 37 .,.... 26 14 17
1 Décembre .... 26 14 36 ....,. 26 14 16

Donc par un milieu entre ces obfervations, la diftance de l'*Etoile Polaire* au
Zénith de Torneâ, étoit au commencement de Décembre 1737. .... 26 14 17
La diftance d'*Arcturus (page 133.).* ... 45 16 9

Donc l'arc du Méridien terminé par les
paralleles de ces deux Etoiles, obfervé
à Torneâ 71 30 26

I V.

Diftances de l'Etoile Polaire au Zénith de Paris,
Obfervées en Novembre & Décembre 1737.

2 Décembre............. 43° 13' 42″
3 Décembre............. 43 13 41
9 Décembre............. 43 13 42
14 Décembre............. 43 13 47
19 Décembre............. 43 13 45

Donc par un milieu entre ces obfervations, la diftance de l'*Etoile Polaire*
au Zénith de Paris, étoit au commencement de Décembre 1737 .... 43 13 43
La diftance d'*Arcturus (page 134.).* ... 28 16 37

Donc l'arc du Méridien terminé par
les paralleles de ces deux Etoiles, obfervé
à Paris 71 30 20

V.

On voit par ces observations, qu'à la hauteur de ces Etoiles, la réfraction ne différe pas sensiblement à Torneå, de ce qu'elle est à Paris.

Mais indépendamment de ces observations, nous pouvons chercher d'abord la hauteur du Pole à Torneå, en supposant cette réfraction la même; parce qu'à la hauteur où l'on y voit l'*Etoile Polaire*, cette supposition ne peut pas causer d'erreur considérable. L'on peut ensuite se servir de la hauteur du Pole ainsi déterminée, pour conclurre les réfractions horisontales; & si l'on trouve que les réfractions horisontales ne différent pas sensiblement de ce qu'elles sont à Paris, on peut ensuite, avec assés de sûreté, se servir de la même table de réfraction, pour les plus grandes hauteurs à Torneå.

CHAPITRE II.
Hauteur du Pole à Torneå.

I.

Hauteur du Pole, concluë par les observations faites avec le Quart-de-cercle de 3 pieds de rayon.

AU commencement de Décembre 1736, la plus petite distance au Zénith de l'*Étoile Polaire*, étoit à Torneå, *(p.133.)* 22° 2′ 45″
la plus grande, *(page 135.)* 26 14 37

Somme de ces distances . .	48	17	22
dont la moitié	24	8	41

est la distance du Zénith de Torneå au Pole, dont le complément 65 51 19
sera la hauteur apparente du Pole : dont ôtant pour la réfraction moyenne, entre celles que M. Cassini & M. de la Hire, déterminent à Paris, 0 0 29
Reste la hauteur du Pole à Torneå 65 50 50

pour le lieu qui est à l'extrémité méridionale de l'arc que nous avons mesuré.

I I.

Hauteur du Pole, concluë par les obſervations faites dans le même lieu avec un Quart-de-cercle de 2 pieds de rayon.

Diſtance la plus grande de l'Etoile Polaire au Zénith.	*Diſtance la plus petite de l'Etoile Polaire au Zénith.*

A Torneå 1737.

6 Janvier ... 26° 14′ 21″	9 Janvier ... 22° 3′ 2″
7 Janvier ... 26 14 24	12 Janvier ... 22 2 57
	18 Janvier ... 22 2 54
	19 Janvier ... 22 3 0
Jour auquel le Quart-de-cercle fut vérifié par le renverſement. }	27 Janvier ... 22 2 57

Milieu 26 14 22½	22 2 58
Somme de ces diſtances	48 17 20
dont la moitié	24 8 40
eſt la diſtance du Zénith de Torneå au Pole; dont le complément	65 51 20
ſera la hauteur apparente du Pole; dont étant pour la réfraction	0 0 29
Reſte la hauteur du Pole à Torneå	65 50 51

I I I.

Remarque.

Quoique ces hauteurs du Pole, des *pages 137 & 138*, s'accordent parfaitement enſemble, il ſe trouve cependant une différence de 14″, dans la diſtance de l'*Etoile Polaire* au Pole, concluë par les obſervations de ces deux pages; ce qui feroit ſoupçonner qu'il s'eſt fait dans ces obſervations quelque compenſation ; cependant on peut attribuer une partie de cette différence au mouvement de l'E'toile pendant le temps écoulé entre les obſervations, tant pour la Préceſſion des E'quinoxes, que pour l'Aberration.

Nous prendrons donc pour la hauteur du Pole à Torneå . . . . . . 65° 50′ 50″ plus grande de 8′ que celle que Bilberg avoit concluë de ſes obſervations, & plus grande de 11′ que celle qu'il devoit conclurre, s'il avoit employé l'obliquité de l'Ecliptique, la Parallaxe, & la Réfraction convenables.

Et puiſque ſes obſervations lui avoient donné une hauteur du Pole, ſi différente de la vraye, on ne doit pas être ſurpris qu'il ait commis des erreurs encore plus grandes ſur la réfraction, qu'on avoit crû juſqu'ici preſque double à Torneå, de ce qu'elle eſt en France.

L'amplitude de l'arc du Méridien que nous avons meſuré entre Torneå & Kittis, étant *(page 125.)* de . . 0° 57′ 28″,7 on aura pour la hauteur du Pole ſur Kittis . . . . . 66° 48′ 18″,7 que nous prendrons pour 66° 48′ 20″.

CHAPITRE III.
Hauteurs Méridiennes du Soleil.

I.

Hauteurs Méridiennes du bord supérieur du Soleil, observées à Torneå à l'extrémité de notre Méridienne, avec le Quart-de-cercle de 3 pieds, en 1736.

ON avoit placé dans un petit observatoire, bâti sur le fleuve, l'instrument dont on s'étoit servi sur Kittis, pour déterminer la position de nos Triangles avec la Méridienne *(page 83.)* la lunette de cet instrument se mouvoit autour de son axe, dans le plan du Méridien dont on s'étoit assuré, & dans lequel on la rétablissoit, lorsqu'il lui étoit arrivé quelque dérangement, par le moyen d'un objet placé dans la Méridienne, à la distance d'environ une demi-lieuë. C'étoit au moment du passage du Soleil par le centre de cette lunette, qu'on prenoit la hauteur.

26 Novembre 1736. . . .	3°	35'	23"
27 Novembre	3	24	30
1 Décembre	2	45	42
3 Décembre	2	31	0
8 Décembre	1	56	51

I I.

Hauteurs Méridiennes du bord supérieur du Soleil, observées dans le même lieu avec le Quart-de-cercle de 2 pieds, en 1737.

5 Janvier 1737	2°	9′	32″
7 Janvier	2	24	33
9 Janvier	2	37	26
12 Janvier	3	4	26
13 Janvier	3	15	23
19 Janvier	3	21	29

Le 22, on vérifia le Quart-de-cercle par le renversement; & puis on s'en servit pour prendre des angles horisontaux.

I I I.

Hauteurs Méridiennes du bord supérieur du Soleil à l'Équinoxe de Mars.

On vérifia de nouveau le Quart-de-cercle de 3 pieds, & on observa les hauteurs méridiennes suivantes du bord supérieur du Soleil.

15 Mars 1737	22°	26′	16″
16 Mars	22	50	12
17 Mars	23	13	50
18 Mars	23	37	9
21 Mars	24	47	11
22 Mars	24	11	35

CHAPITRE IV.

Détermination des Réfractions.

I.

NOUS partons maintenant de la hauteur du Pole, trouvée *(page 139.)* pour déterminer les réfractions.

La détermination des réfractions par les hauteurs Méridiennes du Soleil, suppose *la hauteur de l'Équateur, l'obliquité de l'Écliptique, le lieu du Soleil, & sa Parallaxe.*

Nous employerons ici, la
hauteur de l'Équateur . . . . 24° 9′ 10″;
l'obliquité de l'Écliptique . 23 28 20;
la Parallaxe de M. Caffini ; & le lieu du Soleil, selon les tables de M. de Louville, qu'on a réduites au Méridien de Torneå, en supposant la différence en longitude de 1ʰ 23′ à l'Orient, que nous connoiffons, à quelques minutes près, qui ne peuvent caufer d'erreur fenfible ici; parce que la déclinaifon du Soleil change fort peu d'un jour à l'autre, au temps des obfervations que nous allons calculer.

I I.

Le 1.er Décembre 1736, à midi.

La déclinaison Méridionale du Soleil à Torneå	21°	55′	21″
La hauteur de l'Equateur	24	9	10
Donc la hauteur du centre du Soleil . . .	2	13	49
La Parallaxe souftractive	0	0	10
La vraye hauteur du centre du Soleil à Torneå	2	13	39
Le demi-diametre du Soleil à ajoûter . . .	0	16	19
La hauteur vraye du bord supérieur du Soleil	2	29	58
La hauteur du même bord a été obfervée . .	2	45	42
Donc la réfraction à la hauteur apparente de 2° 46′.	0	15	44

I I I.

Le 3 Décembre 1736, à midi.

La déclinaison Méridionale du Soleil à Torneå	22°	12′	46″
La hauteur de l'Equateur	24	9	10
La hauteur du centre du Soleil	1	56	24
La Parallaxe souftractive	0	0	10
La vraye hauteur du centre du Soleil à Torneå	1	56	14
Le demi-diametre du Soleil	0	16	20
La hauteur vraye du bord supérieur du Soleil	2	12	34
La hauteur du même bord a été obfervée . .	2	31	0
Donc la réfraction à la hauteur de 2° 31′. .	0	18	26

I V.

Le 8 Décembre 1736, à midi.

La déclinaison Méridionale du Soleil
à Torneå . . . . 22° 48′ 33″
La hauteur de l'Equateur 24 9 10

La hauteur du centre du Soleil 1 20 37
La Parallaxe souftractive 0 0 10

La vraye hauteur du centre du Soleil à
.Torneå 1 20 27
Le demi-diametre. 0 16 21

La hauteur vraye du bord supérieur du
Soleil à Torneå 1 36 48
La hauteur du même bord a été observée . 1 56 51

Donc la réfraction à la hauteur du 1° 57′ . 0 20 3

V.

Le 5 Janvier 1737, à midi.

La déclinaison Méridionale du Soleil
à Torneå . . . . 22° 35′ 53″
La hauteur de l'Equateur 24 9 10

La hauteur du centre du Soleil 1 33 17
La Parallaxe souftractive 0 0 10

La vraye hauteur du centre du Soleil à
Torneå 1 33 7
Le demi-diametre à ajoûter 0 16 22

La hauteur vraye du bord supérieur du
Soleil à Torneå 1 49 29
La hauteur du même bord a été observée . . 2 9 32

Donc la réfraction à la hauteur de 2° 9′½ . . 0 20 3

V I.

V I.

Nous avons choisi ici les moindres hauteurs du Soleil, pour calculer les réfractions, & les comparer avec celles qu'ont données pour les mêmes hauteurs à Paris M.rs Cassini & de la Hire : celles de Torneå ne s'en écartent pas assés considérablement, pour que nous puissions conclurre qu'il y ait de l'inégalité entre les réfractions à Paris & à Torneå.

Et si les réfractions sont plus petites vers l'Equateur qu'à Paris, & y ont une différence considérable, il faut croire que de Paris au Cercle Polaire, cette différence n'est pas sensible, quoiqu'on ait cru jusqu'ici que les réfractions à Torneå étoient doubles de ce qu'elles sont à Paris.

CHAPITRE V.

Détermination des Réfractions sur Kittis, par Venus *inocciduë.*

I.

Nous avons encore sur cette matiére quelques observations d'une espece singuliére sur la Planéte de *Venus,* qui parut

K

continuellement fur notre horifon pendant deux mois : nous l'obfervâmes d'abord fur Kittis avec le Quart-de-cercle de 3 pieds, qu'on avoit bien vérifié.

Hauteurs Méridiennes de Venus fur Kittis.

AU NORD.

			Corrigées par la Parallaxe.		
Le 5 Avril 1737, au matin.	0°	58'	6"....	0° 58'	21"
6	1	11	44.....	1 11	59
7	1	25	5.....	1 25	20

AU MIDI.

			Corrigées par la Réfraction moins la Parallaxe.		
Le 6 Avril 1737, au foir.	47	17	54....	47 17	3
7	47	32	45....	47 31	54

Mouvement diurne en déclinaifon . . .   14   51

Nous avons corrigé les hauteurs de Venus obfervées du côté du Midi, par la Réfraction & la Parallaxe, & l'on a pris 15" pour la Parallaxe horifontale de Venus, à la diftance où elle étoit alors de la Terre.

I I.

Calcul de la Réfraction fur Kittis, par les obfervations de Venus.

Hauteur du Pole fur Kittis (pag. 139.) .	66°	48'	20"
Hauteur de l'Equateur	23	11	40
Hauteur Méridienne de Venus, le 6 Avril au foir	47	17	3
Déclinaifon de Venus feptentrionale . .	24	5	23
Diftance de Venus au Pole, le 6 Avril au foir	65	54	37

Hauteur Méridienne de Venus, le 7 Avril
au foir . . . . 47° 31′ 54″

Déclinaifon de Venus, feptentrionale . . 24 20 14
Diftance de Venus au Pole, le 7 Avril
au foir 65 39 46

Donc la diftance de Venus au Pole,
lorfqu'elle paffa au Méridien du côté du
Nord, le 7 Avril au matin 65 47 11½
Et par conféquent fa hauteur vraye . . . 1   1   8½
La hauteur Méridienne de Venus ob-
fervée, & corrigée par la Parallaxe,
le 7 Avril au matin. 1 25 20

Donc la Réfraction à la hauteur de 1°25′ . . 24 11½

CHAPITRE VI.

Détermination des Réfractions à Torneå, par Venus inocciduë.

I.

Nous continuâmes à Torneå les obfervations de cette Planete, & on y vérifia pour
cet effet le Quart-de-cercle de 2 pieds.

Hauteurs Méridiennes de Venus.

AU MIDI.			Corrigées par la Réfraction moins la Parallaxe.		
Le 28 Avril 1737, au foir. 51°	36′	3″	51°	35′	20″
Le 29 Avril 51	38	50	51	38	7
Le 30 Avril 51	41	47	51	41	4

AU NORD.			Corrigées par la Parallaxe.		
Le 30 Avril 3	34	58	3	35	14
Le 1 May 3	38	5	3	38	21

I I.

Calcul de la Réfraction à Torneå, par les observations de Venus.

Hauteur de l'Equateur à Torneå . . .	24°	9′	10″
Hauteur Méridienne de ♀ le 28 Avril .	51	35	20
Déclinaison de Venus, septentrionale .	27	26	10
Distance de ♀ au Pole, le 28 Avril . . .	62	33	50
Hauteur Méridienne de ♀ le 29 Avril .	51	38	7
Déclinaison septentrionale de Venus . .	27	28	57
Distance de Venus au Pole	62	31	3
Mouvement diurne en déclinaison, du 28 au 29 Avril	0	2	47
Hauteur Méridienne de ♀ le 30 Avril .	51	41	4
Déclinaison septentrionale de Venus . .	27	31	54
Distance de Venus au Pole	62	28	6
Mouvement diurne en déclinaison, du 29 au 30 Avril	0	2	57
Le milieu de ces mouvements diurnes . .	0	2	52
Dont la moitié pour douze heures . . .	0	1	26
Distance de Venus au Pole, du 30 Avril au soir	62	28	6
Donc la distance de Venus au Pole, lorsqu'elle passa au Méridien, le 30 Avril, au matin	62	29	32
le 1.er May, au matin	62	26	40
Et par conséquent { le 30 Avril, au matin..	3	21	18
sa hauteur vraye, { le 1.er May, au matin..	3	24	10
Hauteurs Méridiennes de Venus, observées & corrigées par la Parall. { le 30 Avril, au matin..	3	35	14
{ le 1.er May, au matin..	3	38	21
Donc la Réfraction à la haut. de { 3° 35′..	0	13	56
{ 3 38′..	0	14	11

CHAPITRE VII.

Sur la Longitude de Torneå.

I.

NOus n'avons pû faire d'obſervations des Satellites de Jupiter; parce que cette Planete, dans les temps où nous l'aurions pû obſerver, ne s'élevoit point aſſés ſur notre horiſon, & étoit toûjours plongée dans les vapeurs.

Nous avons donc cherché à déterminer cette longitude par d'autres obſervations que nous allons donner ici, & par leſquelles on la pourra conclurre, lorſqu'on aura les obſervations correſpondantes, faites dans quelque autre pays dont la longitude ſoit connuë.

Eclipſes d'Etoiles Fixes, par la Lune.

le 12 Décembre 1736, au ſoir.

Temps de la Pendule.

11ʰ 15ᶠ 4″ *Aldebaran* ⎱ Paſſages obſervés à la lunette
⎰ mobile ſur ſon axe, dans le

11 56 2 *Rigel* . . . . ⎱ plan du Méridien.

11 46 12½ Occultation de l'Etoile *μ*, dans le Lien des Poiſſons.

Donc 11 29 58 de temps vrai.

Comme on voyoit rarement le Soleil,

K iij

qui n'étoit pas élevé d'un degré sur l'horison
à midi, on a conclu l'heure par son ascension
droite, comparée à celle des Etoiles *Aldebaran* & *Rigel.*

Le 12 Janvier 1737, au soir.

6ʰ 4′ 30″ Occultation de γ, du Taureau.
10 57 58 Occultation de la plus septentrionale des
deux Etoiles appellées ℞, du Taureau.

Le 13 Janvier 1737, au matin.

3ʰ 14′ 20″ Emersion d'*Aldebaran.*

On a conclu l'heure vraye, par les observations du Soleil au Méridien, faites le 12
& le 13 Janvier.

Le 11 Mars 1737, au soir.

7ʰ 35′ 9″ Occultation de λ, des Gemeaux.

I I.

Eclipse horisontale de Lune.

Le 16 Mars 1737, au soir.

     Quantité de l'Eclipse.

Temps		doigts	
6ʰ 23′ 55″		5 doigts	0′
25 30	Le Promontoire aigu sort de l'ombre.		
28 0		4	56
28 30	l'ombre au bord de *Mare humorum.*		
35 0		4	0
39 30		3	29
40 20	l'ombre au bord de *Langrenus.*		
43 40	*Tycho* à moitié découvert.		
47 0	*Mare nectaris,* hors de l'ombre.		
47 30		2	37
49 15		2	21

6ʰ 51' 45"   2 doigts 7'
    53 35   1   56
7 2 10 Fin de l'Eclipſe, avec une Lunette de 7 pieds.
    2 35 } Fin de l'Eclipſe, avec deux Lunettes cata-
    2 50 }   dioptriques, de 15 pouces.

I I I.

Nous avons encore une obſervation d'une Eclipſe d'Etoile par la Lune, faite ſur une de nos montagnes.

Le 2 Août 1736, au matin, ſur Pullingi.

On compara peu de temps avant l'obſervation, deux excellentes Montres.

5ʰ 36' 0"⅕ la montre R } differ. 9' 44"⅕
5 26 15   la montre G }

à 5ʰ 46' 42" de la montre R. Immerſion d'*Aldebaran*, ſous le diſque éclairé de la Lune.

Comparaiſon des { 5ʰ 49' 0" R } différence 9 45
deux montres. { 5 39 15 G }

Hauteurs du bord ſupérieur du Soleil à l'Orient, avec le Quart-de-cercle de 2 pieds de rayon.

R.... 5ʰ 59' 14" } ..... 16° 20' 0
G.... 5 49 22 }
_____
R.... 6 4 16½ } 16 50 0
G.... 5 54 30½ }
_____
R.... 6 9 20 } 17 20 0
G.... 5 59 32 }

Hauteurs Méridiennes du bord ſupérieur du Soleil.

Le 1.ᵉʳ Août . . . . 41° 35' 10"
Le 2 . . . . 41 20 0

Par ces obſervations, nous avons conclu que l'Immerſion d'*Aldebaran*, s'eſt faite à 5ʰ 45' 0" de temps vrai.

K iiij

On pourra encore ſe ſervir, pour déterminer la longitude de Torneâ, des obſervations du Soleil à l'Équinoxe, *(p. 141)*. Nous l'avons priſe dans nos calculs, de 1ʰ 23ʹ plus orientale que celle de Paris. On la déterminera plus exactement lorſqu'on aura toutes les obſervations correſpondantes à celles-ci, & qu'on les comparera toutes enſemble.

CHAPITRE VIII.

Déclinaiſon de l'Aiguille Aimantée.

Nous avons obſervé la déclinaiſon de l'Aiguille Aimantée, avec une Bouſſole de cuivre, d'environ 18 pouces de diametre, en regardant à travers les pinnules de ſon Alidade, un objet placé dans la Méridienne, du petit obſervatoire bâti ſur le fleuve : & prenant le milieu de ce que donnoient les obſervations faites avec quatre Aiguilles différentes, nous avons trouvé que la déclinaiſon de l'Aiguille Aimantée étoit à Torneâ en 1737, de 5° 5ʹ du Nord à l'Oueſt.

M. Bilberg l'avoit trouvée en 1695, de 7° du même côté.

OBSERVATIONS
FAITES AU
CERCLE POLAIRE.
LIVRE TROISIE'ME.

Mesure de la Pesanteur au Cercle Polaire.

CHAPITRE PREMIER.

Sur la Pesanteur en général.

QUELLE que soit la cause de la
Pesanteur, on la peut concevoir
comme une force inhérente aux corps,
qui les anime, pour ainsi dire, & qui les
sollicite à tomber perpendiculairement à la
surface de la Terre: & si l'on compare les
effets de cette force, lorsqu'elle fait tomber
une pierre vers la Terre, à ce qu'il faudroit
qu'elle fût pour retenir la Lune dans son
orbite; on trouve par le calcul, que la
Pesanteur que nous éprouvons ici bas,

s'étend jusques dans la région de la Lune, & qu'elle y regle son mouvement. La Pesanteur faisant non-seulement tomber les corps qui sont à notre portée vers la Terre, mais retenant encore dans son orbite la Lune qui tourne autour, l'analogie conduit à croire que chaque Planete, & le Soleil même, ont aussi leur Pesanteur, capable des mêmes effets. La Terre, & toutes les Planetes sont, par rapport au Soleil, dans le cas où est la Lune par rapport à la Terre: la Pesanteur vers le Soleil les pourra donc retenir dans leurs orbites: & les mouvements des corps célestes s'accordent parfaitement, & sont soûmis à cette Pesanteur universelle. Voilà quels sont les effets de la Pesanteur dans les Cieux.

Je serois trop long si je parcourois tout ce qu'elle fait sur la Terre; c'est elle qui y opére presque tous les effets physiques. Tandis que pour la vaincre, on a inventé la plûpart des machines, elle est l'agent qui sert à mouvoir les autres.

Si nous ne pouvons pas connoître la cause de la Pesanteur, qui n'est peut-être pas connoissable pour nous, nous en connoissons une propriété bien essentielle:

c'eſt que cette force eſt répanduë dans tous les corps à raiſon de leur Maſſe ; chaque parcelle des corps poſſede, pour ainſi dire, une partie égale de la cauſe, quelle qu'elle ſoit, qui les fait tomber.

Il faut bien diſtinguer ici la Peſanteur d'un corps d'avec ſon Poids. La Peſanteur eſt cette force, conçûë comme diſtincte du corps, qui anime toutes ſes parties, & ſollicite chacune à tomber : d'où il arrive, que ſi l'on met à part la réſiſtance que l'air apporte au mouvement des corps qui tombent, le grand corps tombe auſſi vîte, & ne tombe pas plus vîte, que ne feroit la moindre des parties qui le compoſent, ſi elle étoit détachée de lui, & ſi elle tomboit ſeule de la même hauteur.

La Peſanteur dans un grand corps, n'eſt pas plus grande que dans un petit. Il n'en eſt pas ainſi du Poids; il dépend non-ſeulement de la Peſanteur, mais encore de la Maſſe des corps. Le Poids d'un corps eſt d'autant plus grand, que ce corps eſt plus grand; il eſt le produit de la Peſanteur par la Maſſe.

Mais la Peſanteur eſt-elle la même par toute la Terre? Fera-t-elle par-tout tomber les corps de la même hauteur dans le même temps? On voit avec la moindre attention, que le moyen de s'en aſſûrer n'eſt pas d'en vouloir juger par le Poids d'un même corps, peſé dans différents païs. Si la Peſanteur eſt plus grande ou plus petite dans le païs où on le tranſporte, elle affectera les autres corps, contre leſquels on peſeroit celui-là, comme celui-là même : & un corps qui peſoit à Paris une livre, paroîtra par-tout peſer une livre.

Mais un Pendule qui oſcille librement, ſoit attaché à un fil, ſoit à une verge infléxible, oſcille avec une certaine vîteſſe, qui dépend de la longueur du Pendule, & de la force de la Peſanteur. Et ſi l'on éprouve un tel Pendule, en lui conſervant exactement la même longueur dans différents païs, il ne pourra plus arriver de différence dans la vîteſſe de ſes Oſcillations, que de la part de la Peſanteur : car les différences qui ſe peuvent trouver dans les denſités & les élaſticités de l'air, n'apportent pas ici d'effet ſenſible ; ſur-tout ſi les températures de l'air ſont les mêmes dans les païs où l'on fait ces expériences, comme on le peut connoître aſſés exactement avec le Thermometre. Si la

Pefanteur, dans le païs où l'on aura tranf-
porté le Pendule, eft plus grande, fes Ofcillations feront plus promptes; fi la Pefanteur
eft moindre, elles deviendront plus lentes.
C'eft ce dernier Phénomene qui fut d'abord
obfervé à la Cayenne par M. Richer; & c'eft
une des plus belles découvertes de la Phyfique moderne. La Pefanteur fut trouvée plus
petite à la Cayenne qu'à Paris; & l'on trouva
auffi-tôt une caufe fort vraifemblable de ce
Phénomene.

Tout corps qui circule, fait un effort
continuel pour s'écarter du centre de fon
mouvement : cet effort vient de la force
qu'a la matiére, pour perfévérer dans l'état
où elle fe trouve une fois, de repos ou de
mouvement; & un corps qui décrit un
cercle, décrit à chaque inftant une petite
ligne droite, qui fait partie de fa circonférence. Ce corps à chaque inftant fait donc
effort pour continuer à fe mouvoir dans la
direction de cette petite ligne; & c'eft de
cet effort que naît la Force centrifuge.

Si la Terre tourne autour de fon axe,
chacune de fes parties fait donc effort pour
s'écarter du centre de fon mouvement; &
cet effort eft d'autant plus grand, que le

cercle qu'elle décrit est plus grand; que
cette partie est plus proche de l'Equateur.
Or, cet effort tendant à éloigner les corps,
de la Terre, est opposé à la Pesanteur qui
tend à les en approcher: il diminuë donc
une partie de la Pesanteur; & une partie
d'autant plus grande, que les lieux sont plus
près de l'Equateur. Si donc la Pesanteur
primitive, que j'appellerai *Gravité,* pour la
distinguer de la Pesanteur diminuée par la
Force centrifuge; si, dis-je, la Gravité étoit
d'abord la même par-tout, la Pesanteur
actuelle du corps, se trouvera plus petite
vers l'Equateur, & ira en augmentant vers
les Poles, où enfin elle ne reçoit plus de
diminution de la Force centrifuge; parce
que les Poles ne participent point au mouvement de la Terre autour de son axe.

Cette théorie de la Pesanteur est très-
vraisemblable; & elle a été confirmée par
toutes les expériences qu'on a faites vers
l'Equateur.

Cependant on peut dire que lorsque
nous sommes partis, l'on n'étoit peut-
être pas absolument sûr que la Pesanteur
observât par-tout une diminution régu-
liére en allant vers l'Equateur; quoique

toutes les obfervations qu'on a faites dans l'Amérique, donnaffent une diminution. Comme on ne connoît point la caufe phyfique de la Pefanteur, on pouvoit douter fi cette diminution qu'on y a obfervée, venoit de ce que la Force centrifuge fait perdre à la Gravité, ou, fi cette diminution auroit quelque caufe particuliére, combinée avec la Force centrifuge: fi la Gravité primitive n'auroit pas elle-même des variations reglées, ou peut-être même des irrégularités. Quelques expériences faites par d'habiles obfervateurs, pouvoient confirmer dans cette penfée. M. Picard ne trouva pas en Danemark le Pendule qui battoit les fecondes, plus long qu'à Paris, comme il devoit l'être, & même il ne le trouva pas plus long qu'à l'extrémité de la France la plus méridionale. En un mot, on n'avoit conclu jufqu'ici la diminution de la Pefanteur vers l'Équateur, que par des expériences faites vers l'Équateur à la vérité, mais toutes dans des lieux trop peu éloignés les uns des autres, pour pouvoir s'affûrer que par toute la Terre, la Pefanteur va diminuant du Pole vers l'Équateur.

Il feroit peut-être à fouhaiter qu'on fît

des expériences, pour s'assûrer si la Pesanteur dans les Indes Orientales aux mêmes degrés de latitude que Cayenne, S.t Domingue, & la Jamaïque, reçoit les mêmes diminutions qu'on a éprouvées dans l'Amérique. Mais rien ne pouvoit être plus utile pour la décision d'une question si importante, & pour la Physique en général, que d'aller observer la Pesanteur dans les païs les plus septentrionaux; sur-tout après les soupçons que les expériences de M. Picard en Danemark, pouvoient jetter sur cette matiére.

Qu'on se souvienne de la différence que j'ai mise entre la Gravité & la Pesanteur; la Gravité est cette force telle qu'elle feroit tomber les corps vers la Terre, si la Terre étoit en repos; la Pesanteur est cette même force, mais affoiblie par la Force centrifuge, qui vient du mouvement de la Terre: ce n'est que cette force, déja diminuée, & confonduë avec la Force centrifuge, que nous pouvons mesurer par nos expériences. Mais si nous la connoissons bien, nous pourrons parvenir à démêler en elle ce qui appartient à la Gravité, & ce qu'en a retranché la Force centrifuge.

On n'a recherché jusqu'ici les différentes
Pesanteurs

Pesanteurs en différents lieux, que pour déterminer la figure de la Terre, par l'équilibre de ses parties. Mais cette détermination n'est qu'un des moindres objets de la théorie de la Gravité.

Si la Gravité primitive étoit bien connuë, elle détermineroit non-seulement la figure de la Terre, mais elle démontreroit encore le mouvement de la Terre autour de son axe.

Si au contraire on part du mouvement de la Terre autour de son axe, comme d'un fait dont je ne crois pas qu'aucun Philosophe doute aujourd'hui; & qu'on connoisse d'ailleurs la figure de la Terre, les différentes Pesanteurs nous feront connoître quelle est dans chaque lieu la Gravité primitive.

On pourra découvrir, si, malgré les différences qu'on aura observées dans la Pesanteur, la Gravité primitive est par-tout la même, & tend vers un centre, comme le supposoit M. Huygens, ou si elle est différente en différents lieux, & dépendante de l'Attraction mutuelle des parties de la matiére, comme le prétend M. Newton; si elle varie suivant quelqu'autre loy; & vers quels points elle tend. Enfin, la

L

connoiſſance de la Gravité vers la Terre, pourra conduire à la Gravité univerſelle, qui eſt le principal Agent de toute la machine du Monde.

CHAPITRE II.

Expériences faites à Pello ſur la Peſanteur.

I.

No u s voulions faire nos expériences ſur la Peſanteur, le plus près du Pole qu'il nous étoit poſſible ; nous les fîmes à Pello, dont la Latitude eſt de 66° 48′.

Ces expériences, qui ne ſont pas difficiles ailleurs, avoient dans ce pays de grandes difficultés : & ſans le ſoin qu'il faut apporter à les vaincre, on trouveroit bien du mécompte dans cette matiére. Le grand nombre d'expériences que nous avons faites, & le grand nombre d'inſtruments dont nous nous ſommes ſervis, nous ont appris combien il faut être attentif aux moindres circonſtances ; & ceux (s'il y en a jamais) qui entreprendront de telles expériences, dans des pays ſi rudes, ſentiront toute la néceſſité des précautions que nous avons prises, & du détail que nous en donnons.

Ce font les difficultés qu'on trouve dans ces expériences, qui ont empêché M. de la Croyere de faire les fiennes à Kola & à Kilduin, & qui le déterminérent à renoncer à l'avantage de les faire dans ces pays, pour les faire à Archangel, qui eft plus éloigné du Pole. Pour nous, que le grand nombre, & tous les fecours imaginables, mettoient à portée de vaincre bien des obftacles, nous voulûmes mefurer la Pefanteur dans la Zone glacée.

Et c'eft un avantage des expériences que nous allons donner, d'avoir été faites plus près du Pole qu'on n'en avoit jamais fait, fans que la rigueur du pays, ni les autres difficultés leur ayent rien fait perdre de la précifion que demande une matiére fi importante.

I I.

L'inftrument dont nous nous fommes fervis pour connoître la différence de la Pefanteur entre Pello & Paris, eft une Pendule d'une conftruction particuliére, dont M. Graham eft l'auteur, & qui eft deftinée pour ces fortes d'expériences.

Le Pendule est composé d'une pesante Lentille qui tient à une Verge platte de cuivre. Cette Verge est terminée en enhaut par une piece d'acier qui lui est perpendiculaire, & dont les extrémités sont deux Couteaux, qui, au lieu d'être reçûs entre deux plans inclinés, ou entre des cylindres, portent sur deux tablettes planes d'acier, qui sont toutes deux dans le même plan horisontal. On est assuré de la situation de ce plan, lorsqu'une pointe, qui fait l'extrémité de la Verge du Pendule, répond au point o d'un Limbe, dans le plan duquel elle doit se trouver ; & ce Limbe sert à mesurer les arcs que décrit le Pendule.

Tout l'instrument est renfermé dans une boîte très-solide. Et lorsqu'on le transporte, on éleve avec une vis, par le moyen d'un chassis mobile, le Pendule, de maniére que le tranchant des Couteaux ne porte plus sur rien, & soit tout en l'air ; quoique la piece d'acier qui forme les Couteaux se trouve appuyée au défaut de leur tranchant. On attache au dedans de la boîte une piece de bois creusée pour recevoir la Lentille, & cette piece, après que la Lentille y a été mise, est recouverte d'une autre ; de maniére que la Lentille ni la Verge ne peuvent avoir aucun mouvement. La feule liberté qu'ait la Verge du Pendule, c'eft de s'allonger ou de s'accourcir, felon que le chaud ou le froid l'exige : rien ne la gêne à cet égard.

La Lentille a 6 pouces 10 $\frac{3}{4}$ lignes de diametre, & 2 pouces 2 $\frac{3}{4}$ lignes d'épaiffeur au centre. Le Poids qui fait mouvoir l'inftrument eft de 11 liv. 14 $\frac{1}{2}$ onces, & ne fe remonte qu'au bout d'un mois. Enfin on a attaché au dedans de la boîte un Thermometre de Mercure, dans lequel le terme de l'eau bouillante eft marqué 0, & les nombres croiffent comme les degrés de froid. M. Graham, en nous envoyant cet inftrument, y joignit un mémoire des expériences qu'il avoit faites à Londres avec. Ce mémoire porte que lorfque le Thermometre étoit à 138, la Pendule accéléroit fur le temps moyen de 4' 4" par jour. Que lorfque le Thermometre étoit à 127, la Pendule accéléroit de 3' 58"; qu'ainfi une différence de 11 degrés dans le Thermometre produifoit une différence de 6" dans la marche de la Pendule.

Avec le Poids ordinaire, le Pendule décrivoit des arcs de 4° 20'; avec la moitié

L iij

de ce Poids il décrivoit des arcs de 3° 0′, & ces grandes différences dans les Poids & les arcs, n'ont causé dans la marche de la Pendule qu'une différence de 3″$\frac{1}{2}$ ou 4″ par jour, dont elle alloit plus vîte en décrivant les petits arcs.

On voit par-là combien cette Pendule est peu sensible aux petites différences dans le Poids, dans les arcs, & par conséquent dans la ténacité de l'huile: & combien on peut compter que son Accélération d'un lieu dans un autre, ne vient que de l'augmentation de la Pesanteur, ou du froid qui raccourcit la verge du Pendule.

I I I.

Pello est un village Finnois, qu'en remontant le fleuve de Torneå l'on trouve sur ses rives, dans une situation assés agréable. L'art de la maçonnerie y est absolument inconnu: on n'y voit que quelques cabanes de bois, dans lesquelles nous avons logé; mais qui n'avoient point la solidité qu'il falloit qu'elles eussent pour nos expériences, dans lesquelles nous avions besoin d'appuis inébranlables.

Nous avions fait bâtir sur la fin de l'été, dans une des chambres que nous occupions, un gros pilier de pierre rectangle, large de 6 pieds fur une de fes faces, & de 3 pieds fur l'autre. On y avoit fcellé différentes pieces de fer, pour fixer des lunettes & des Pendules. Ce mur avoit eu le temps de fecher, & d'affûrer fa fituation. On y fixa une Lunette dirigée vers *Regulus*, fort près de fon paffage au Méridien : & ayant placé la Pendule avec toutes les précautions né- ceffaires,

Regulus paffa au fil vertical du foyer de la Lunette.

1737.

Le 3 Avril à 8ʰ 35′ 13″¼ de la Pendule.

Le 4 Avril à 8ʰ 36′ 14″.

Le 5 Avril à 8ʰ 37′ 8″.

Par ces obfervations, la Pendule du 3 au 4, accéléroit fur la révolution des Fixes, de 1′ ¾″.

Et du 4 au 5, la Pendule accéléroit de 54″.

I V.

Nous vîmes que cette inégalité dans la marche de la Pendule, venoit des différents degrés de froid & de chaud. Et que quoique la chambre où fe faifoient les obfervations

L iiij

fût auffi-bien clofe qu'il étoit poffible dans
ce pays, les différentes températures ap-
porteroient à nos expériences un trouble
qui leur ôteroit toute exactitude. On réfo-
lut de conferver toûjours la Pendule dans
la même température. C'étoit une chofe fort
difficile, à caufe du froid qu'il faifoit, & des
changements extrêmes qui arrivoient d'une
heure à l'autre à la température de dehors : il
falloit jour & nuit avoir l'œil fur les Thermometres, pour augmenter le feu, ou faire
entrer l'air extérieur dans la chambre. On
y apporta cependant tant d'attention, qu'on
parvînt à conferver toûjours la même température. Et la preuve la plus parfaite qu'elle
s'étoit bien confervée, c'eft la marche de la
Pendule dans les expériences fuivantes ; car
elle auroit rendu fenfible la moindre négli-
gence. Nous parvînmes à la faire aller d'un
mouvement auffi égal qu'on puiffe exiger
des meilleures Pendules, dans les climats
les plus temperés.

V.

On commença le 6 à regler le feu dans
la chambre des expériences, par le moyen
de deux Thermometres de Mercure, dont
on s'eft fervi dans ces expériences, tant au

Cercle Polaire qu'à Paris : l'un de la construction de M. l'Abbé Nolet, d'après les
degrés déterminés par M. de Reaumur,
l'autre de M. Prins. Ces Thermometres sont
gradués différemment. Dans celui de M.
l'Abbé Nolet, le terme de la congélation
est marqué 0 : dans celui de M. Prins, ce
même terme est marqué 3 2. Dans l'un &
dans l'autre, les nombres croissent comme
les degrés de chaleur ; & un degré de celui
de M. l'Abbé Nolet en vaut à très-peu près
deux de celui de M. Prins. Ces Thermometres étoient placés à côté & à la hauteur
du milieu de la Verge du Pendule ; & furent
toûjours tenus, celui de M. l'Abbé Nolet
entre 1 4 & 1 5 degrés, & celui de M. Prins
entre 6 0 & 6 2, pendant les cinq jours &
les cinq nuits que durérent ces expériences.

Il étoit très-important dans ces expériences, non seulement que les Thermometres
fussent à la même distance du feu que le Pendule, mais encore qu'ils fussent à la même
hauteur ; car placés un peu plus bas, à la
même distance du feu, le Mercure baissoit
considérablement.

Les différences que la température peut
causer dans la longueur du Pendule, sont

si considérables par rapport à celles qu'y cause l'augmentation de la Pesanteur, que si l'on n'apporte pas le plus grand soin à connoître & déterminer la température dans laquelle se font ces expériences, on n'aura jamais rien sur quoi l'on puisse compter.

Le Pendule décrivit toûjours des arcs de 4° 10′, c'est-à-dire, fit ses Oscillations de 2″ 5′ de chaque côté du Limbe qui les mesure.

Voici les observations depuis qu'on eut reglé la température.

Regulus *passa au fil de la Lunette,* 1737.

Le 6 Avril à 8ʰ	38′	1″	de la Pendule.
7 Avril à 8	38	54¼	
8 Avril à 8	39	48½	
9 Avril à 8	40	42	
10 Avril à 8	41	35.	

On voit par ces observations que du 6 au 10, la Pendule avoit accéléré de 3′ 34″; ce qui donne pour son Accélération sur chaque révolution des Fixes, 53″,5.

CHAPITRE III.

Observations faites à Paris, avec le même Instrument.

LA même température qu'on avoit euë à Pello, étant entretenuë jour & nuit à Paris, par le moyen des deux mêmes Thermometres, dont on s'étoit servi à Pello , & placés, comme ils y étoient ; les Oscillations du Pendule étoient de 2° 10′ de chaque côté.

Sirius *passa au fil de la Lunette,*
1738.

Le 28 Février à 8ʰ 45′ 40″ de la Pendule,
3 Mars. . 8 45 24
4 . . . . 8 45 19
9 . . . . 8 44 49
10 . . . . 8 44 43
11 . . . . 8 44 38
12 . . . . 8 44 32½
13 . . . . 8 44 27½.

Donc pendant 13 révolutions des Fixes, la Pendule avoit retardé sur leur mouvement de 1′ 12″,5 ; ce qui donne sur chaque révolution, 5″,6.

CHAPITRE IV.
Accélérations de la Pendule.

I.

Accélération de la Pendule, de Paris à Pello.

NOus avons vû, *(page 170.)* qu'à Pello pendant une révolution des Fixes, la Pendule accéléroit sur leur mouvement, de $53'',5.$
A Paris, *(p. 171.)* elle retardoit de $5'',6.$
Donc de Paris à Pello, pendant une révolution des Fixes, la Pendule accélére de . . . . $59'',1$

I I.

Accélération de la Pendule, de Paris à Londres.

M. Graham, sur les expériences de qui nous comptons, autant que sur les nôtres, avoit observé à Londres, que le Thermometre qui est attaché dans la boîte de la Pendule, marquant 127, la Pendule accéléroit sur le temps moyen de $3' 58''$ par jour; ou de $2'',1$ sur une révolution des Fixes. Or, le degré 127 du Thermometre de la Pendule, répondant aux degrés $14\frac{1}{2}$ & 61,

de ceux par lesquels nous avons reglé la
température, tant à Pello qu'à Paris ; les
expériences à Londres & à Paris, ont été
faites à la même température. Et les oscillations étoient à Paris, comme à Londres,
de 2° 10′ de chaque côté. La Pendule
donc ayant accéléré à Londres sur la révolution des Fixes, de . . . . 2″,1 ;
& retardé à Paris de . . . . . . 5″,6 ;
on a son Accélération de Paris à
Londres, sur une révolution des
Fixes, de . . . . 7″,7.

CHAPITRE V.

Expériences faites avec d'autres Instruments.

NOus avions encore un autre instrument
excellent pour ces sortes d'expériences ;
c'étoit une Pendule de M. Julien le Roy,
dont l'exactitude nous a paru merveilleuse
dans toutes les observations que nous avons
faites avec.

Comme le pays où nous étions est tout
de Fer & d'Aimant, nous craignîmes les
effets de quelque Magnétisme dans les

observations que nous voulions faire avec cette Pendule, dont la Verge étoit d'acier : & nous voulûmes encore faire des expériences sur des Pendules de différentes Pesanteurs spécifiques. M. Camus, qui joint à ses autres connoissances, une connoissance singuliére de tous les arts, suppléa seul à tout ce qui manquoit dans un pays où l'on ne connoît guéres d'autres arts que la pêche & la chasse. Il fit fondre des métaux, il en forma au Tour, cinq Globes fort parfaits, dont chacun avoit 2 pouces $4\frac{1}{2}$ lignes de diametre, & de cinq métaux différents. Ces Globes étoient traversés chacun d'une Verge de cuivre, qui s'attachoit facilement au bout d'une autre Verge de même métal, qu'il avoit mise à la Pendule.

Ce fut dans le temps des expériences les plus exactes, que nous fîmes à Pello les 6, 7, 8, 9 & 10 d'Avril; lorsqu'on tenoit la température jour & nuit la même, que nous comparâmes à la Pendule de M. Graham la Pendule de M. le Roy. On la fit aller pendant 12 heures avec chacun des cinq Globes, en chargeant le Poids qui la faisoit mouvoir, de la quantité de balles de plomb nécessaire pour que les Oscillations fuſſent toûjours de 3° 55' de chaque côté, circonſtance qu'on a auſſi obſervée à Paris.

Voici les marches de la Pendule, avec les cinq différents Globes, tant à Pello qu'à Paris, expoſée à la même température.

Pendant 12ʰ 0' 0" *de la Pendule de M. Graham.*

	à Pello.	à Paris.
Le globe de Plomb perdoit . .	9' 14"⅓	9' 14"
Le globe d'Argent perdoit . .	8 42	8 44
Le globe de Fer perdoit	5 29	5 29½
Le globe d'Etain perdoit . . .	6 6	6 8
Le globe de Cuivre perdoit . .	6 48	6 50

Quoique trois de ces Globes donnent une différence de 2" dans l'Accélération de Pello ici, cette différence n'eſt pas conſidérable; & il eſt fort vraiſemblable qu'elle eſt cauſée par la maniére dont les Verges des Globes s'ajuſtoient à la Pendule. Pour peu que ces Verges n'appliquaſſent pas préciſément la même partie ſur la même partie de celle qui étoit commune pour les cinq, les longueurs devoient être un peu différentes; mais quelle différence que celle qu'il faut pour cauſer ces 2"? Cependant ce ſera toûjours une petite ſource d'erreur dans les expériences qu'on fera avec les Pendules, dont on ôte la Verge, lorſqu'on les tranſporte.

On voit par-là combien les bonnes Pendules font propres à faire connoître l'augm-
mentation ou la diminution de la Pefanteur.
Et c'eft une chofe qu'on auroit peut-être eu
peine à croire, fi l'on n'en avoit pas fait
l'expérience, que le peu de différence qu'apportent à ces expériences, des conftructions
auffi différentes que celle de la Pendule de
M. Graham, & celle de la Pendule de M.
le Roy: dans celle-ci, la Verge du Pendule
eft attachée par deux Refforts, defquels on
pouvoit craindre les différentes élafticités;
les Globes différoient extrémement de la
Lentille de M. Graham, tant par leur poids
que par leur figure; enfin, l'arc que ces Globes décrivoient, étoit prefque double de l'arc
que décrivoit le Pendule de M. Graham.

Nous ne parlerons point ici de quelques
autres expériences, qui donneroient l'augm-
mentation de la Pefanteur plus grande à
Pello que nous ne l'avons trouvée avec la
Pendule de M. Graham, & celle de M. le
Roy; parce que les inftruments dont nous
nous y fommes fervis, étoient trop infé-
rieurs à ces Pendules, pour devoir entrer en
comparaifon.

CHAPITRE VI.

CHAPITRE VI.

Réfléxions sur les augmentations de la Pesanteur.

I.

Comparaison de l'augmentation de la Pesanteur de Paris à Pello, avec celle qui résulte de la Table de M. Newton.

L'ACCÉLÉRATION que nous avons trouvée de Paris à Pello, est plus grande de 6″,8 que celle qui résulte de la Table que M. Newton a donnée *(lib. 3. Phil. nat. Princip. Mathem.)* & suppose, suivant sa théorie, la Terre plus applatie qu'il ne l'a faite.

I I.

Comparaison de l'augmentation de la Pesanteur de Paris à Pello, avec celle qui résulte des Expériences faites à la Jamaïque.

Par les expériences de M. Campbell, faites à la Jamaïque, avec une Pendule de M. Graham, M. Bradley a formé une autre Table *(Phil. Transf. num. 432.)* d'après ce principe, employé par M.rs Newton & Huygens, que la Pesanteur croît de l'Equateur au Pole, comme le quarré des sinus

M

de Latitude : & l'Accélération de Paris à Pello, qui résulte de cette Table, surpasse de 4″,5 celle que nous avons trouvée.

I I I.

Comparaison des augmentations de la Pesanteur avec celle qui résulte de la Théorie de M. Huygens.

Enfin, toutes les expériences que les Académiciens envoyés par le Roy au Pérou, ont faites, tant à S.ᵗ Domingue qu'à l'Équateur, s'accordent avec les nôtres à donner l'augmentation de la Pesanteur vers le Pole, plus grande que celle qui se trouve dans la Table de M. Newton : & par conséquent la Terre, selon sa théorie, plus applatie qu'il ne l'a faite. Toutes ces expériences s'écartent tant de la théorie de M. Huygens, *(Discours de la cause de la Pesant.)* selon laquelle cette augmentation devoit être encore moindre, qu'on ne peut pas douter que cette théorie ne s'écarte elle-même de la vérité.

I V.

Comparaison de l'augmentation de la Pesanteur de Paris à Pello, avec l'augmentation de Paris à Londres.

L'Accélération de Paris à Pello, de 59″,1

fuppofe de Paris à Londres, une Accélération de 9″,8 ; & nous la trouvons de 7″,7.
Nous laiffons à juger fi cette différence eft
réelle, ou fi elle a échappé à la précifion
de nos expériences : & dans ce dernier cas,
quelle juftesse donneroit encore un inftrument qui, apporté de Londres à Pello, de
Pello à Paris, & éprouvé à Londres, à Pello
& à Paris, s'accorde ainfi avec lui-même.

V.

Comparaifon de la Pefanteur à Paris, avec la Pefanteur à Pello.

Le rapport de la Pefanteur à Paris, à la
Pefanteur à Pello, eft celui du quarré du
nombre des Ofcillations du Pendule à Paris,
pendant une révolution des Fixes, au quarré
du nombre des Ofcillations à Pello dans le
même temps ; c'eft-à-dire, le rapport de
10000 à 10014.

V I.

Longueur du Pendule qui bat les fecondes à Pello.

Enfin, fi l'on veut avoir la longueur
du Pendule qui bat les fecondes à Pello,
il n'y a qu'à comparer les quarrés des

nombres des Oscillations faites en temps égal à Pello & à Paris, avec la longueur du Pendule à Pello, & celle du Pendule à Paris, où M. de Mairan l'a déterminée de 440,57 lignes par un si grand nombre d'expériences, & d'expériences faites avec tant de soin, qu'on est sûr que cette longueur est fort exacte. On trouvera par-là que la longueur du Pendule, qui bat les secondes à Pello, est de 441,17 lignes.

Voici une Table, que nous avons calculée d'après l'augmentation de la Pesanteur que nous avons trouvée entre Paris & Pello, & d'après le principe, que les augmentations de la Pesanteur, de l'Équateur vers le Pole, suivent à fort peu près la proportion du quarré des sinus de latitude. On y trouvera les augmentations de la Pesanteur exprimées de deux maniéres : par l'Accélération de la Pendule sur une révolution des Fixes; & par l'Allongement du Pendule qui bat les secondes, depuis l'Équateur jusqu'au Pole.

TABLE

DES ACCÉLÉRATIONS DE LA PENDULE;

ET DES ALLONGEMENTS DU PENDULE;

depuis l'Equateur jusqu'au Pole.

LATITUDE du LIEU.	ACCÉLÉRATION de la Pendule pendant une révolution des Fixes.	Parties de Ligne, & Lignes d'Allongement du Pendule.
0°	0″	0
5	1,6	0,016
10	6,4	0,065
15	14,3	0,145
20	24,9	0,254
25	38,1	0,387
30	53,3	0,542
35	70,2	0,713
40	88,1	0,896
45	106,6	1,084
50	125,1	1,273
55	143,1	1,455
60	159,9	1,626
65	175,1	1,781
70	188,3	1,915
75	198,9	2,023
80	206,8	2,103
85	211,6	2,152
90	213,2	2,169

CHAPITRE VII.

Maniére de trouver la Direction de la Gravité.

PROBLEME.

LA Figure de la Terre étant connuë, & le rapport de la Pesanteur sous l'Equateur, à la Pesanteur sous une Latitude donnée étant connu, trouver l'angle que forme la direction de la Pesanteur actuelle, avec la direction de la Gravité primitive, ou le point de l'axe de la Terre, vers lequel tend la Gravité ?

Fig. 18.   Soit le Sphéroïde $APap$, qui représente la Terre, dont Pp est l'Axe, & Aa le diametre de l'Equateur. Soit sous l'Equateur, c'est-à-dire en A, la Gravité représentée par AG, & la Force centrifuge représentée par AQ, la Pesanteur y sera représentée par AH, après qu'on aura retranché HG $= AQ$ de AG.

Soit dans quelqu'autre lieu D de la Terre, la Pesanteur représentée par DT. Par les Loix de l'Hydrostatique, la direction de la Pesanteur devant être par-tout perpendiculaire à la surface de la Terre, DT sera

perpendiculaire à la Tangente du Sphéroïde
en *D.*

Si l'on prend sur *FD* prolongé, *DZ*
$= \frac{DF \times AQ}{AC}$, *DZ* repréfentera la Force
centrifuge en *D,* & fa direction fera fuivant *DZ.*

Ayant donc tiré du point *T,* les lignes
TN & *TS,* paralleles & perpendiculaires
à l'Axe, & formé le rectangle *DNTS,*
la Pefanteur eft décompofée en deux forces,
l'une qui agit fuivant *DS,* qui n'a reçû
aucune altération par la Force centrifuge,
l'autre qui agit fuivant *DF,* qui a été diminuée par cette Force.

La Force centrifuge a retranché de cette
derniére force, la quantité *DZ* $= \frac{DF \times AQ}{AC}$,
qu'il faut r'ajoûter à la force fuivant *DF,*
pour avoir la force entiére de la Gravité
fuivant *DF.* Faifant donc *NV* $=$ *DZ,*
& tirant par *V,* la ligne *VO,* parallele
à l'Axe, les lignes *VO, SO,* repréfentent
les forces qui réfultent de la Gravité : leur
diagonale *DO,* repréfente cette Gravité
elle-même ; & le petit angle *ODT* eft
celui que forme la direction de la Pefanteur,
avec la direction de la Gravité.

Fig. 18.   La Force centrifuge sous l'Equateur étant la 288.e partie de la Pesanteur, on a $AQ = \frac{1}{288} AH$; & $DZ = \frac{DF \times AH}{288\ AC} = TO$. Ayant tiré d'un point infiniment proche de D, la ligne dM, parallele à DE, & du point T, la ligne Tt, perpendiculaire sur DO, l'on a, à cause des triangles semblables, Dd : Md :: TO : Tt, ou Dd : Md :: $\frac{DF \times AH}{288 \times AC}$: $Tt = \frac{Md \times DF \times AH}{288 \times Dd \times AC}$, c'est le sinus de l'angle TDO, dont le rayon est DT.

On a donc cet angle

$$\frac{Tt}{DT} = \frac{Md \times DF \times AH}{288 \times Dd \times AC \times DT}.$$

Cette formule contenant l'angle des deux directions, de la Pesanteur & de la Gravité; la Latitude du lieu qui est exprimée par $\frac{Md}{Dd}$; le rayon de l'Equateur, & le rayon du Cercle parallele, sous lequel se font les expériences; & le rapport de la Pesanteur du lieu, à la Pesanteur sous l'Equateur; il est facile d'en tirer plusieurs Théoremes, selon qu'on voudra supposer données les unes ou les autres de ces choses.

F I N.

CARTE
de l'Arc
du Meridien
mesuré
au Cercle
Polaire

Kittis

Pullingi

Cercle   Niemi   Polaire

Horrilakero

Pernas   Avasaxa
d'Ofwer Tornea

Lactrmas

Niemisby
Annexe
d'Ofwer Tornea

Cuapern

Kakame

Niwa

Puckula

Tornea
Nickala

Lac de Kalli

BOTN I.

Delahaye sculpsit 1736.

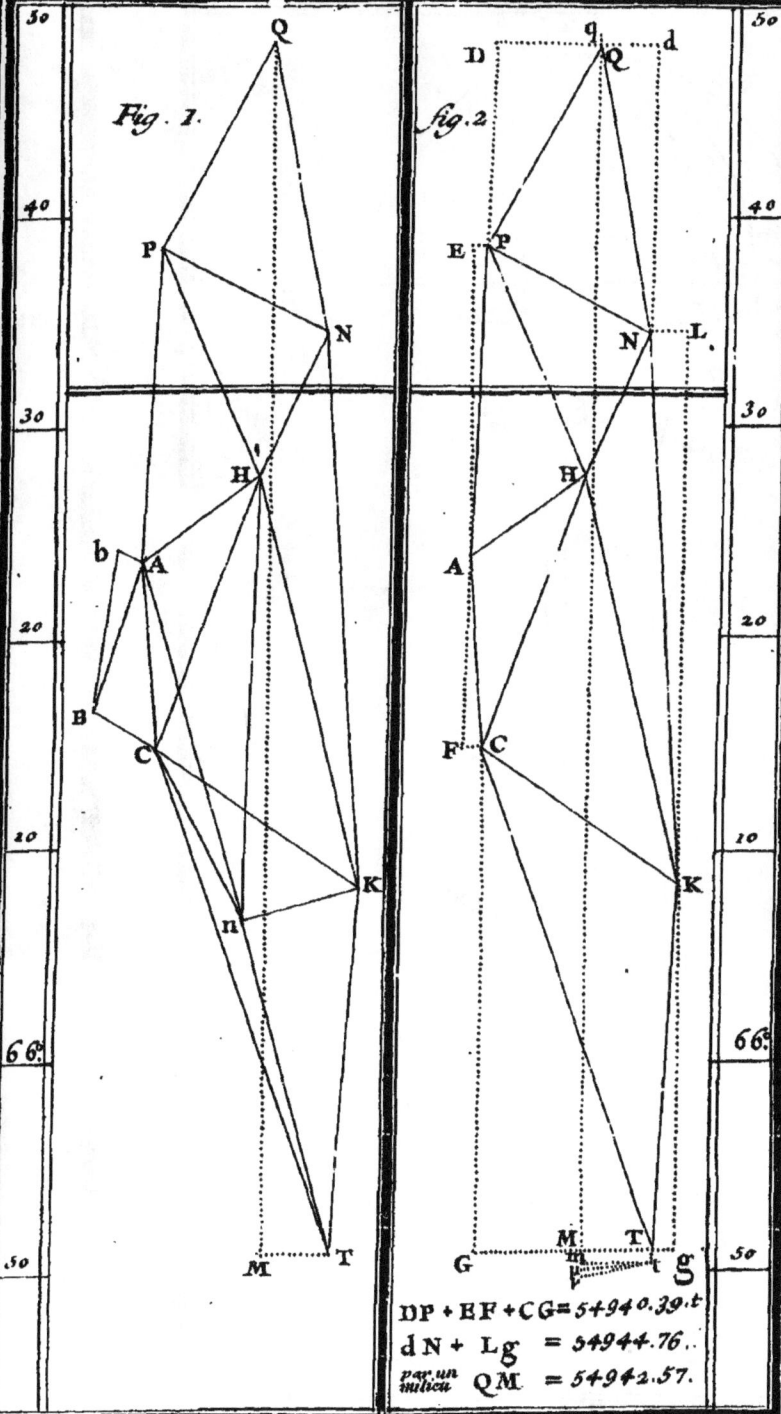

I.

Fig. 1.

fig. 2.

$DP + EF + CG = 54940.39.t$

$dN + Lg = 54944.76.$

par un milicu $QM = 54942.57.$

Fig. 3.

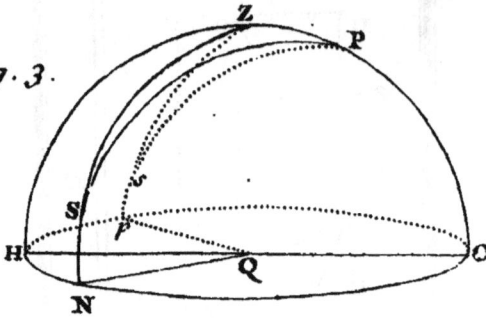

Fig. 4.

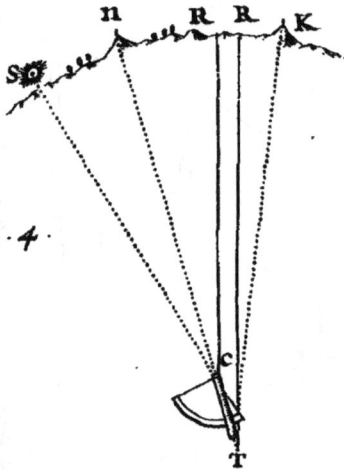

Fig. 5.

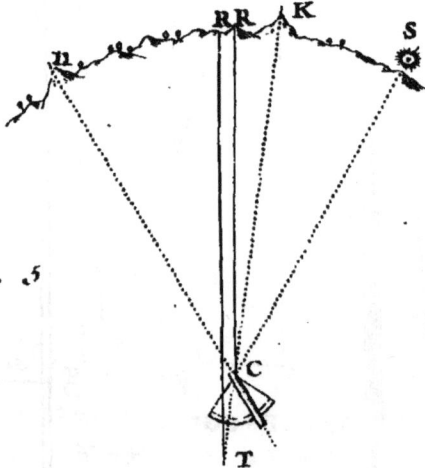

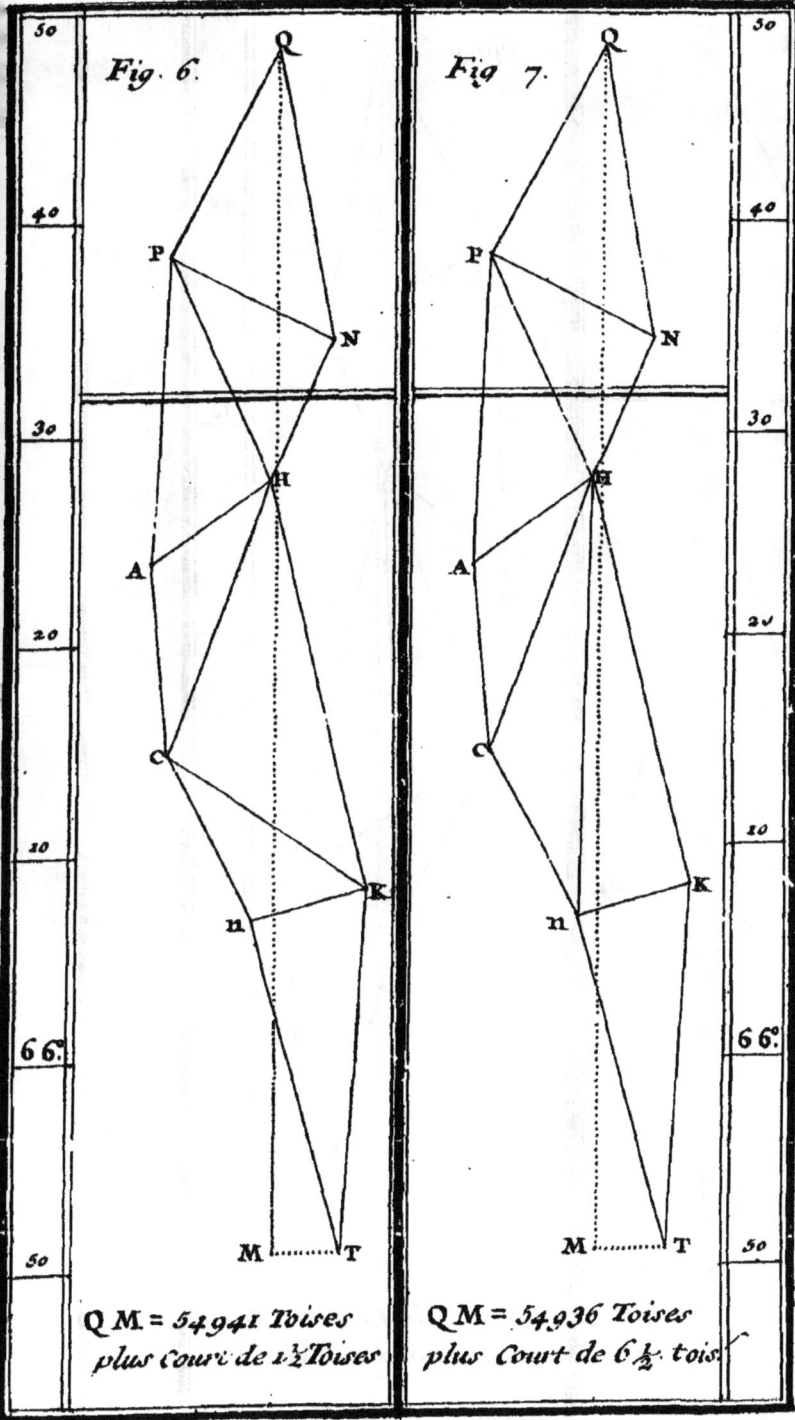

Fig. 6.

Fig. 7.

QM = 54.941 Toises
plus Court de 1½ Toises

QM = 54.936 Toises
plus Court de 6½ tois.

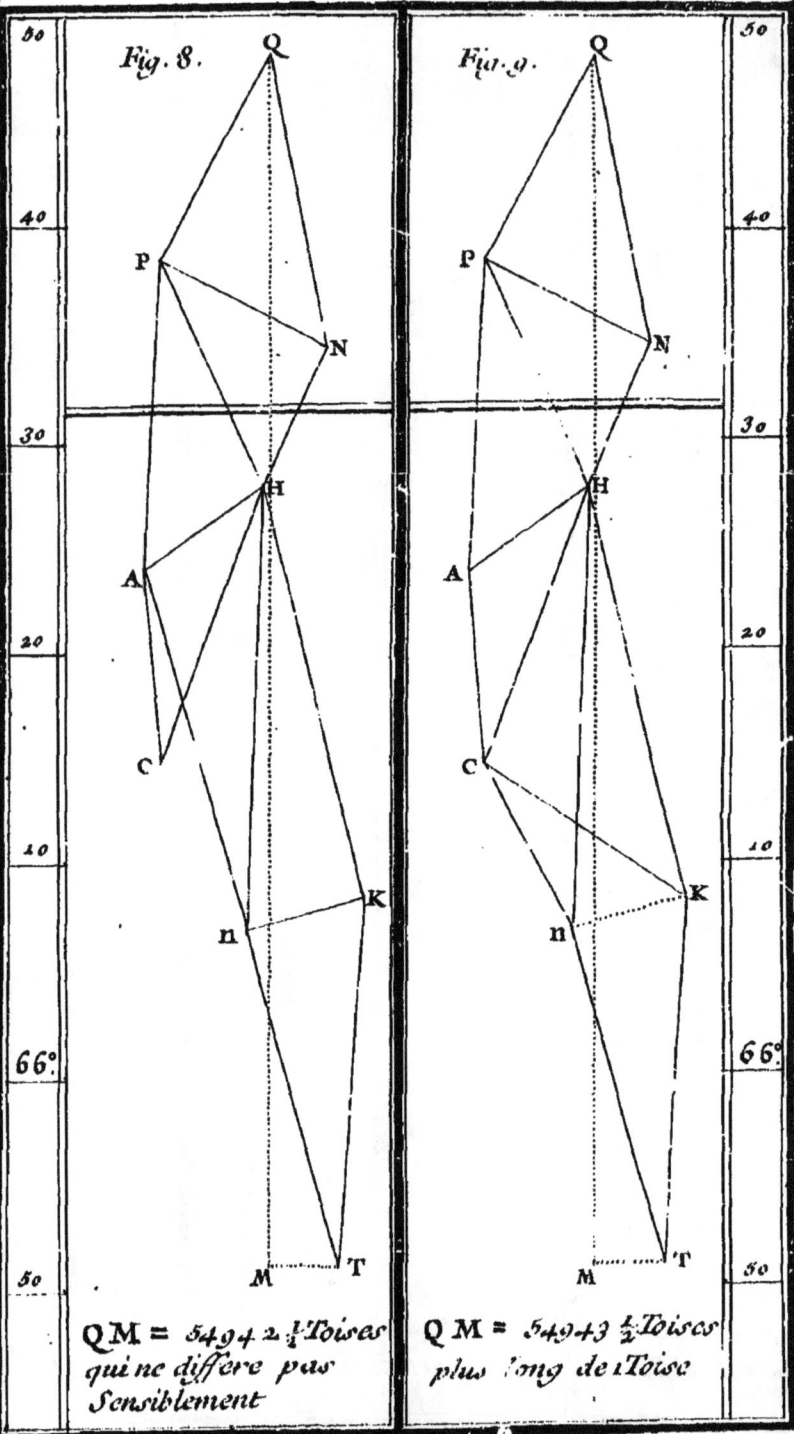

IV.

Fig. 8.

QM = 5494 2 ¼ Toises
qui ne diffère pas
Sensiblement

Fig. 9.

QM = 5494 3 ½ Toises
plus long de 1 Toise

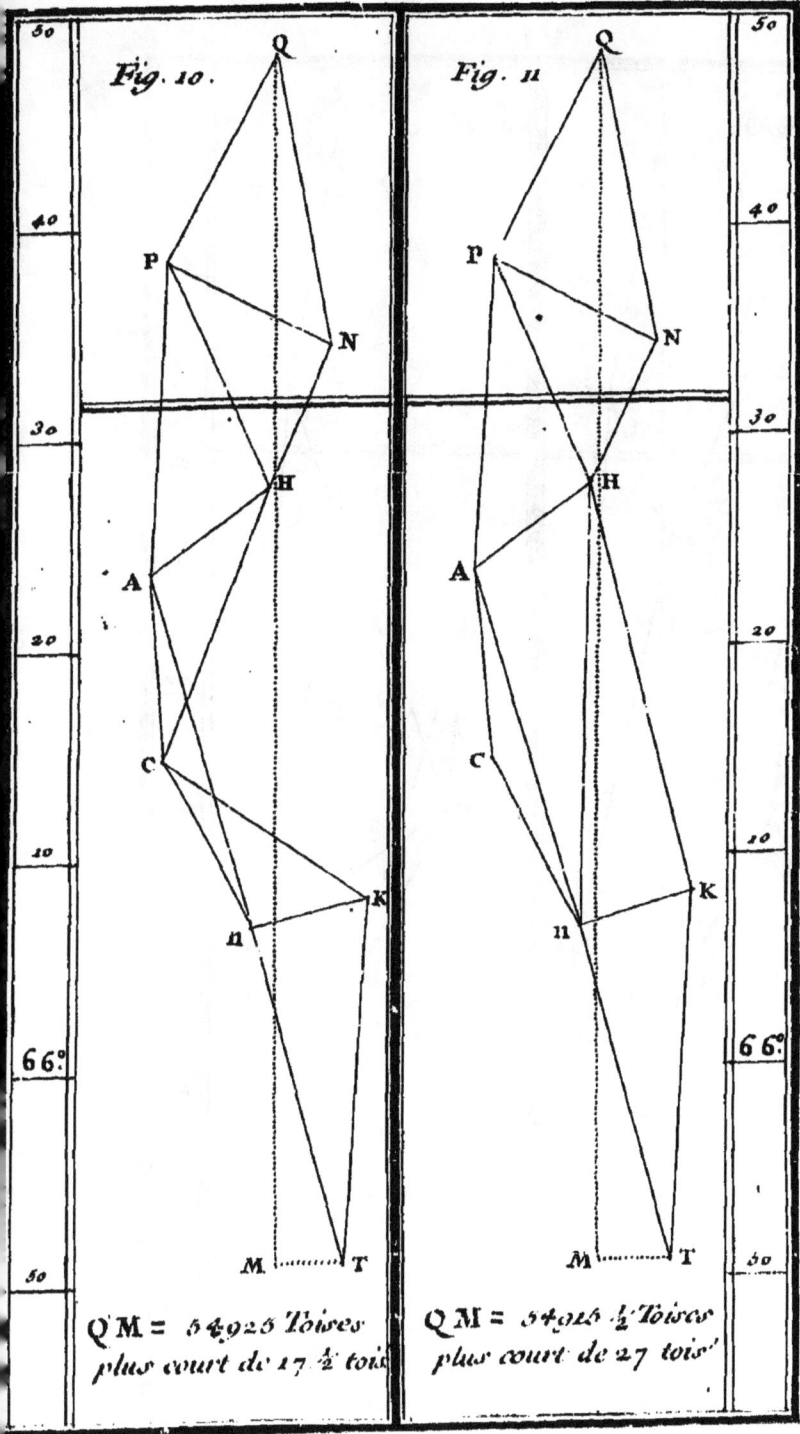

Fig. 10.

Fig. 11.

QM = 54925 Toises
plus court de 17 ½ tois

QM = 54925 ½ Toises
plus court de 27 tois

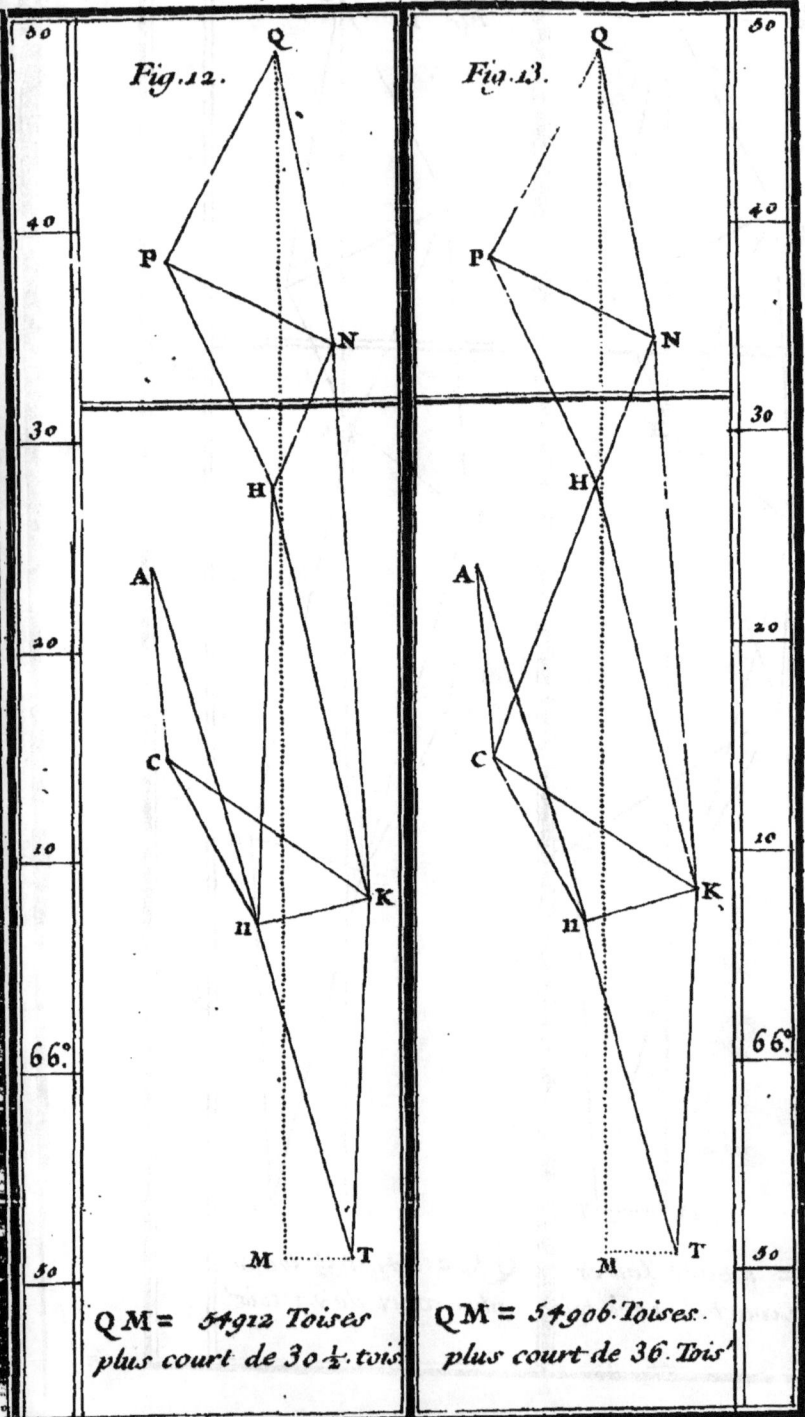

VI.

Fig.12.

Fig.13.

QM = 54912 Toises
plus court de 30½. tois.

QM = 54906. Toises.
plus court de 36. Tois'

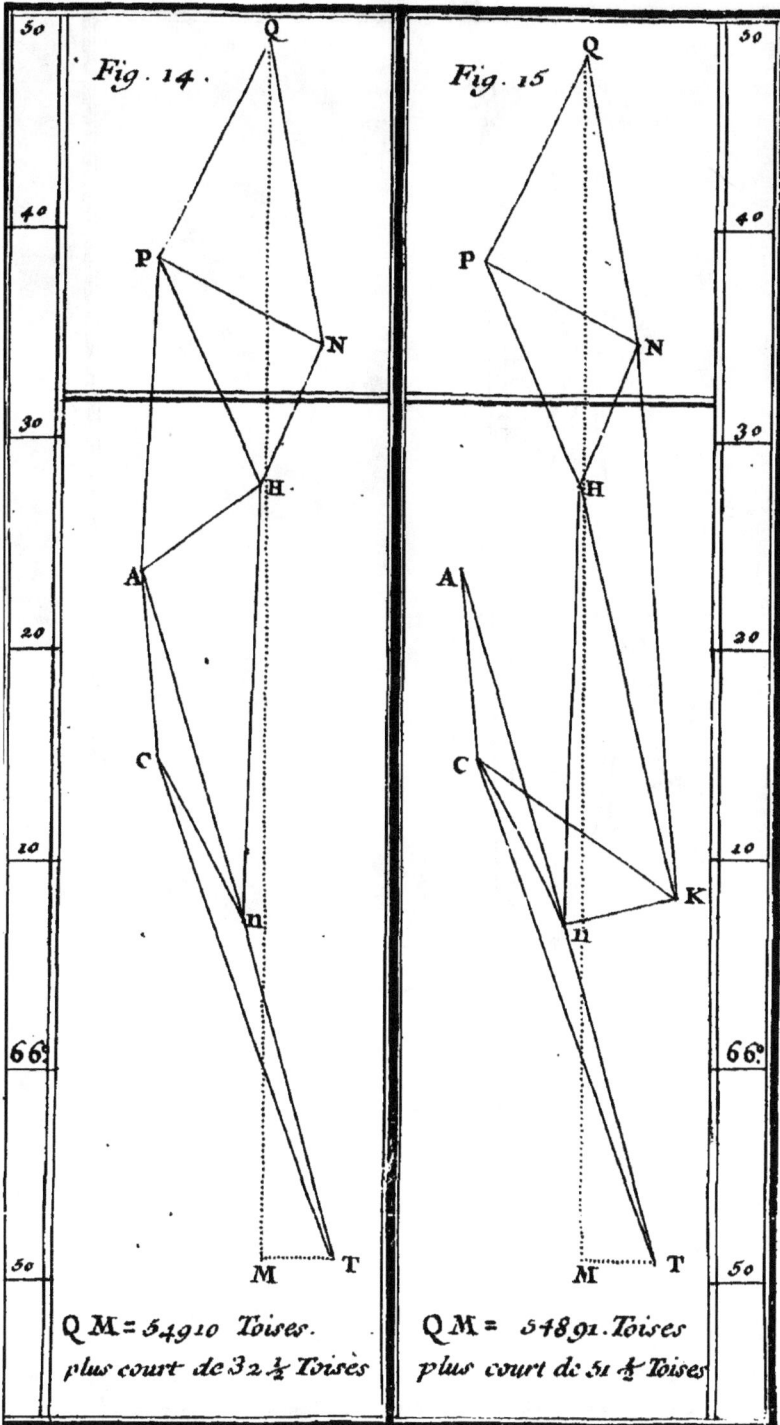

Fig. 14.

Fig. 15

QM = 54910 Toises.
plus court de 32 ½ Toises

QM = 54891. Toises
plus court de 51 ¼ Toises

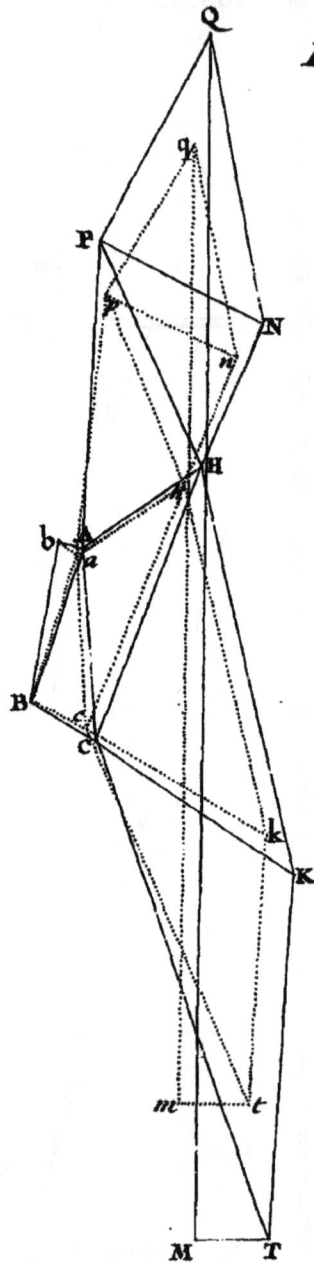

VIII.

Fig. 16

$qm = 54886$. Toises plus court que QM de 54 toises.

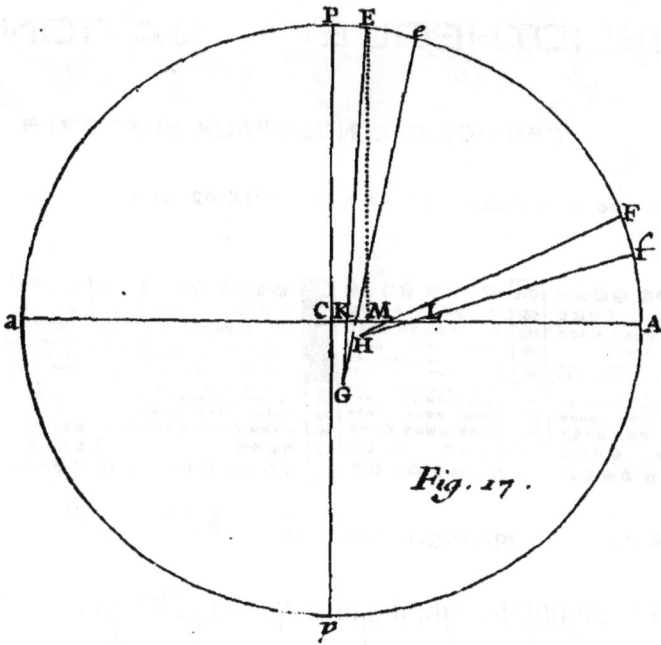

Fig. 17.

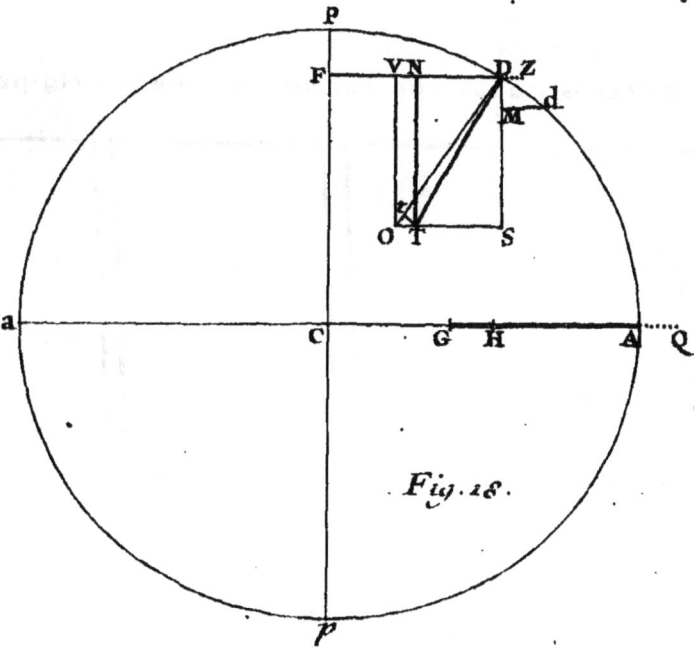

Fig. 18.

BIBLIOTHEQUE   NATIONALE

SERVICE DES NOUVEAUX SUPPORTS

58, rue de Richelieu, 75084 PARIS CEDEX 02 Téléphone 266 62 62

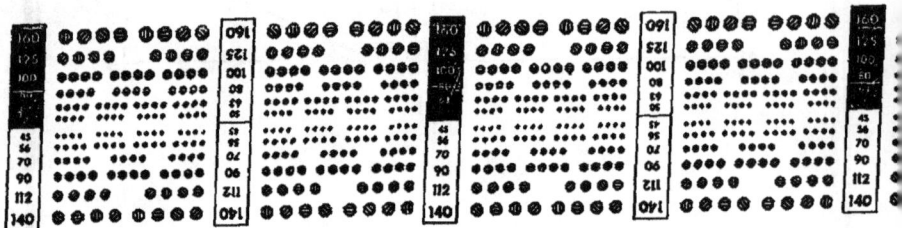

Achevé de micrographier le ⎰ 3 / 11 / 1977 .

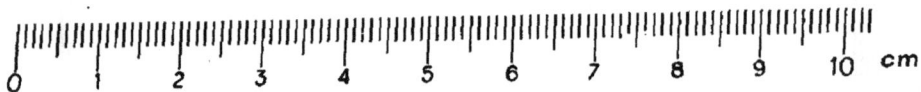

```
0  1  2  3  4  5  6  7  8  9  10  cm
```

Défauts constatés sur le document original

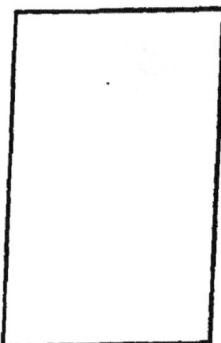

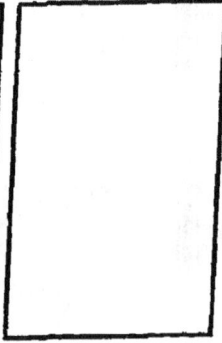

Contraste insuffisant ou
différent, mauvaise qualité
d'impression

Under-contrast or different,
bad printing quality